四川武胜宝箴寨规划与保护研究

朱宇华 著

学苑出版社

图书在版编目（CIP）数据

四川武胜宝箴寨规划与保护研究 / 朱宇华著 .
— 北京：学苑出版社，2022.4

ISBN 978-7-5077-6402-4

Ⅰ . ①四… Ⅱ . ①朱… Ⅲ. ①民居—古建筑—研究—武胜县
Ⅳ . ① K928.71

中国版本图书馆 CIP 数据核字（2022）第 055978 号

责任编辑：魏桦　　周鼎
出版发行：学苑出版社
社　　　址：北京市丰台区南方庄2号院1号楼
邮政编码：100079
网　　　址：www.book001.com
电子信箱：xueyuanpress@163.com
联系电话：010-67601101（营销部）、010-67603091（总编室）
经　　销：全国新华书店
印　刷　厂：英格拉姆印刷(固安)有限公司
开本尺寸：787×1092　1/16
印　　张：12.25
字　　数：171千字
版　　次：2022年4月第1版
印　　次：2022年4月第1次印刷
定　　价：360.00元

前言

　　宝篯寨位于四川省广安市武胜县宝篯寨乡，坐落在武胜县西南部的丘陵山地混杂的特殊自然环境之中。宝篯寨是一座防御性城堡要塞，始建于清宣统三年（1911 年），为乡籍绅耆段门第五代段襄臣出资营造。清末始建东塞，于 1912 年竣工。1932 年，续建西塞，并与东塞连为一体。今日所见塞之规模，系两次修葺而成。宝篯寨建于清末民初的匪患出没，社会动荡的历史时期。它集防御功能与居住功能为一体，格局保存完整，历史特征鲜明，建筑用材合理，防御性强，防御体系与居住设施结合巧妙；寨堡之上的民居建筑形式具有川东地方民居特色。高大的环绕型寨堡完善的防御功能体系具有很高的科学研究价值，是研究四川地区特定历史时期的塞堡式民居建筑的典范之一。2001 年 7 月，国家文物局古建专家罗哲文先生、中国文物研究所杨朝权、黄彬，日本学者米登村子等对宝篯寨进行了考察，高度评价其为"国内罕见，蜀中第一塞"。宝篯寨建筑群折射出来的丰富的人文及历史信息，是我们了解和研究历史的重要实物证据，具有较高的历史价值、科学价值、艺术价值和社会。2006 年，宝篯寨被公布为第六批全国重点文物保护单位。

　　2006 年 11 月，清华大学建筑设计研究院文化遗产保护研究所工作人员对四川广安武胜宝篯寨的现状进行了调查，根据武胜宝篯寨的保存情况制定了总体保护规划，为当地政府部门后续开展保护管理以及后续的展示利用和开发旅游提供技术服务。2007 年，规划编制完成并顺利通过主管部门审核。2009 年，武胜宝篯寨文物保护总体规划获得北京市优秀工程咨询规划设计成果三等奖。

　　本书整理了武胜宝篯寨规划研究和策略制定的技术文件。从该项目特殊的历史时代背景，独特的建筑工艺以及在军事防御上的特点进行了研究和归纳，并结合四川地区特殊的移民文化背景，从保护与展示文物古迹价值的角度，对宝篯寨未来的保护管理工作提出了具体的任务目标。本书同时还提供了宝箴塞在 2006 年前后保存状况的基础数据，希望能给热爱遗产保护的同行和读者以有益借鉴和帮助。由于时间过去较长，编校过程也较仓促，书中难免有语焉不详，言之未尽之处，敬请读者指正。

目录

研究篇

评估篇

规划篇

研究篇

第一章　历史沿革

第一节　历史沿革

一、武胜县历史沿革

武胜县属于四川东部地区，历史悠久，1976 年在嘉陵江武胜段沿岸发现旧石器时代的砍砸器和汉代砖窑遗址多处，证明县境在远古时期就有人类居住，从事渔猎、农业等生产劳动。

早在商周时期为巴国地，秦汉为巴郡垫江县（今重庆市合川区）地。南朝齐（479 年～502 年）析垫江县以北地置汉初县、县治今西关乡汉初村，属东宕渠獠郡，据《读史方舆记要》："相传汉初雍齿曾筑城于此"，县名由此而来。

元世祖至元四年（1267 年），置武胜军，军治今旧县乡，后升军为州，命名定远州；元世祖至元二十四年（1287 年），降州为县，更名定远县，意为"永远安定"，属四川行中书省重庆路合州。明嘉靖三十年（1551 年），县治迁今中心镇。清康熙八年（1669 年），撤定远县并入合州。雍正六年（1728 年），复置定远县，属四川省东道重庆府。民国元年（1912 年），属四川军政府川东道，民国三年（1914 年），更名武胜县，属四川省东川道。民国十七年（1928 年）裁道，直属四川省。民国二十四年至三十八年（1935 年～1949 年），属四川省第十一行政督察区。1949 年 10 月，中华人民共和国成立，同处 12 月 13 日武胜和平解放。新中国成立后头三年属川北行署区南充专区。1952 年 9 月，属四川省南充专区（1968 年改称南充地区）。1953 年 6 月，县政府由中心镇迁往沿口镇至今。

县建置沿革表

朝代	年代		建置	隶属关系
	历史纪年	公元纪年		
秦		前 221 年—前 206 年		巴郡垫江县
西汉		前 206 年—公元 25 年		益州刺史部垫江县
东汉	建安六年	201 年		益州巴西郡垫江县
三国（蜀）	建兴十五年	237 年		益州巴郡垫江县
西晋	泰始二年	266 年		梁州巴郡垫江县
西晋	光熙元年	306 年		荆州巴郡垫江县
东晋	永和三年	347 年		梁州巴郡垫江县
南朝（宋）		420 年—479 年		益州巴郡垫江县
南朝（齐）		479 年—502 年	汉初县	益州东宕渠僚郡
南朝（梁）	大同	535 年—545 年	汉初县	楚州新兴郡
北朝西魏	恭帝三年	556 年	汉初县	合州青居郡
隋	开皇三处	583 年	汉初县	涪州
隋	大业三年	607 年	汉初县	涪陵郡
唐	武德元年	618 年	汉初县	合州
唐	乾元元年	758 年	汉初县	剑南道东川合州（巴川郡）
北宋	咸平四年	1001 年	汉初县	梓州路合州
元	蒙古至元四年	1267 年	武胜县	四川省重庆路合州
元	至元二十四年	1287 年	定远县	四川省重庆路合州
明	洪武九年	1376 年	定远县	四川布政使司重庆府合州
清	雍正六年	1728 年	定远县	四川省川东道重庆府
民国	民国二年	1913 年	定远县	四川省川东道
民国	民国三年	1914 年	武胜县	四川省东川道
民国	民国十七年	1928 年 6 月	武胜县	四川省
民国	民国二十四年	1935 年	武胜县	四川省第 11 行政督察区
中华人民共和国		1950 年 1 月	武胜县	川北行署区南充专区
中华人民共和国		1952 年 9 月	武胜县	四川省南充区

二、宝箴寨相关历史沿革

据《武胜县志》记载，清朝末年，武胜境内修了很多寨子，但岁月沧桑，现已难觅其踪迹了。当时朝廷腐败，农民起义频繁，朝廷乃下令各地大兴土木，在要塞之地筑寨修堡，以避战乱。《段氏家谱》也说，建寨目的是"避教匪乱也"。宝箴寨是全封闭的集军事、民居于一体的塞堡式建筑，始建于清宣统三年（1911年），为乡籍绅耆段门第五代段襄臣出资营造。清末始建东塞，于民国元年（1912年）年竣工。民国二十一年（1932年），续建西塞，并与东塞连为一体。今日所见塞之规模，系两次修葺而成。

新中国成立之初，段氏家族没落，其塞分划给当地村民所有。1958年，武胜万善区粮站以800元人民币将宝箴寨购买，作为粮站收购储存粮食用房；1970年，宝箴寨东塞东端两四合院被拆除，改建成了粮食仓库；同时将现戏楼和戏楼改建成加工房，并将所有木构建筑改建成砖（石）墙粮仓。1986年，省文物普查试点工作时被发现，并登记入《中国文物分布图集·四川卷》。2000年2月，广安市人民政府公布宝箴寨为第一批市级文物保护单位。2002年4月3日，武胜县人民政府公布为第四批县级文物保护单位。2002年12月27日，升为第六批省级文物保护单位。2003年元月，武胜县人民政府将粮站迁移出宝箴寨，宝箴寨产权归文物主管部门。2006年，公布为第六批全国重点文物保护单位。

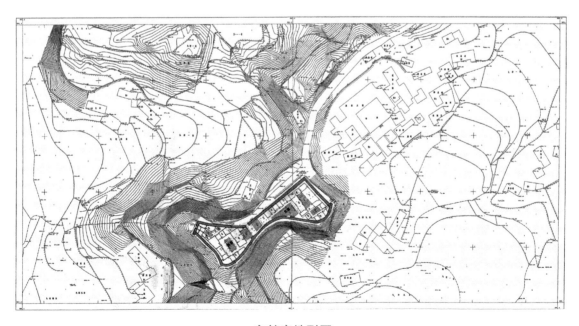

宝箴寨地形图

第二节　宝箴寨的历史大记事

1. 1911年，建宝箴寨东塞。

2. 1932年，建宝箴寨西塞。成今日之规模。

3. 20世纪50年代后，段氏家族逐渐没落，宝箴寨被政府分划给当地村民所有。

4. 1958年，武胜万善区粮站以800元人民币从村民手中将宝箴寨购买，作为粮站收购储存粮食用房。

5. 1970年，万善粮站将宝箴寨东塞东端两四合院拆除，兴建了现代的粮食仓库；同时将现戏楼和戏楼改建成加工房，并将戏楼的木构建筑改建成砖（石）墙粮仓。

6. 1986年，四川省文物普查试点工作时发现，并作为《中国文物分布图集·四川卷》的文物点进行登记。

7. 1999年6月，广安市进行文物复查时将其列入第一批市级文物保护单位名录；1999年7月，市、县文体局编印了《宝箴寨调查资料辑》。

8. 1999年7月11日至13日和先后以四川省马家喻为首的文物专家们对宝箴寨进行了考察，给予了高度评价。

9. 2000年2月，广安市人民政府公布宝箴寨为第一批市级文物保护单位。

10. 2001年4月，市文体局编辑制订了《宝箴寨保护利用规划》，就保护利用纳入规划管理。

11. 2001年7月8日至11日，国家文物局古建专家罗哲文、中国文物研究所杨朝权、黄彬，日本学者米登村子等对宝箴寨进行了考察，专家高度评价其为"国内罕见，蜀中第一塞"。

宝箴寨外观

12. 2002 年 4 月 3 日，武胜县人民政府公布宝箴塞为第四批县级文物保护单位。

13. 2002 年 12 月 27 日，四川省人民政府公布宝箴塞为第六批省级文物保护单位。

14. 2003 年元月，粮站迁移出宝箴塞，产权归地方文物主管部门。

15. 2003 年 4 月，市文体局编制了《宝箴塞抢险排危维修方案》；2003 年 5 月 18 日至 8 月 23 日，省、市、县划拨专项文物维修经费 50 余万元对宝箴塞进行房屋全面排危和更换残损构件、翻盖屋面、脊作、复原戏楼（二楼一底木构）、粉水作、油漆作、附属木作构件复原等的局部复原工程。

16. 2003 年 9 月至 2004 年 5 月，四川省博物馆陈列展览部对宝箴塞进行陈列设计和布展工作，利用东塞粮仓完成了展陈布置。

17. 2006 年公布为全国重点文物保护单位。

宝箴塞历史大事表

时间	相关事件
1911 年	乡绅段襄臣兴建东塞。
1932 年	段家后人修建西塞，与东塞合而为一。
新中国成立之初	宝箴塞和段家大院的房屋分归农民。
1958 年	万善区粮站以 800 元购买宝箴塞作为粮站。
1970 年	东塞东端两四合院被拆建作粮仓，戏楼改建成加工房，所有木构建筑改建成砖（石）墙粮仓。
1986 年	四川文物普查时被发现，登记入《中国文物分布图集·四川卷》。
1999 年 6 月	列入第一批市级文物保护单位名录。
1999 年 7 月	《宝箴塞调查资料辑》编印。
1999 年 7、8 月	以马家喻和以全国古建专家罗哲文为首的专家们分别对宝箴塞进行了考察。
2000 年 2 月	宝箴塞被公布为第一批市级（广安市）文物保护单位。
2001 年 4 月	市文体局编辑制定了《宝箴塞保护利用规划》。
2002 年 4 月	公布为第四批县级文物保护单位。
2002 年 12 月	公布为第六批省级文物保护单位。
2003 年元月	粮站迁出，宝箴塞收归文物主管部门。
2003 年 4 月	市文体局编制了《宝箴塞抢险排危维修方案》。
2003 年 5 月至 8 月	县划拨 50 余万元，对宝箴塞房屋全面排危和局部复原工程。
2004 年 5 月	省博物馆陈列展览部对宝箴塞进行陈列布展工作。
2006 年	公布为第五批全国重点文物保护单位。

第二章 区域资源概况

第一节 自然资源

一、区域概况

（一）区位

宝箴寨坐落在四川省广安市武胜县的西南部，位于农林乡东南 1500 米处的方家沟村段家大院西 50 米处。地理坐标为：北纬 30°21′08″，东经 106°04′05″，海拔 298 米 ~ 354 米，在段家大院西侧山丘之上。其地西、南与隶属重庆市的合川接壤，东与武胜县万善乡相邻。距武胜县城 21 千米，距广安市 50 余千米。

武胜县位于四川省东部，嘉陵江中游。地理坐标：东经 105°56′39″ ~ 106°26′50″，北纬 30°10′46″ ~ 30°32′36″。东临岳池，西连蓬溪、南接合川，北交南充，总面积 966 平方千米，是四川著名的农业县之一。

（二）行政管区

宝箴寨，隶属武胜县宝箴寨乡（原农林乡）。宝箴寨乡位于县境西部，辖 16 个村，4711 户，19677 人，其中非农业人口 314 人。乡人民政府驻雷家石坝子，距县城 21 千米。武胜县总共辖 15 镇 16 乡，全县总人口 79 万。

二、地理概况

（一）地质

宝箴寨属武胜县地区，全县处于川中褶带区，基底差异运动微弱，是整体较稳定的地块。轻微的褶皱呈平坦舒缓状态，其上隆或下褶差异均不明显，断裂也不发育。

宝箴塞区位图示意图

（二）地貌

宝箴塞建在山丘之上，海拔高度298米~354米。周围是农业土壤，质地重壤至粘地，酸碱度中性至微酸。

广安市武胜县属华蓥山复背斜西麓方山浅丘陵区。地势由西北向东南倾斜，逐渐降低；中切割，浅丘陵，溪河纵横。地形从西北向东南依次为中丘窄谷、低丘中谷、浅丘宽谷带坝和阶地。海拔自426米降到210.3米，最高处在高石乡的高石寺（海拔426米），最低处在真静乡何家溪口的嘉陵江边水面（海拔209.5米）。嘉陵江由县境西北入，汇长滩寺河、兴隆河、复兴河、吉安河等四大支流蜿蜒南出，等分全县为东西两部。

三、水文概况

武胜县境内的主要河流水系属长江流域一级支流嘉陵江水系，有长年不断的大支流长滩寺河、兴隆河、复兴河、吉安河及全长 1000 米以上的 74 条小溪，分布于山间沟谷，构成树枝状河网水系汇入。嘉陵江自县境西北入，汇四大条流南出。全县河道总长度 352 千米，其中县境内嘉陵江段长 102 千米，支流总长 250 千米。河流年径流量 285 亿立方米。水域面积 127 万平方千米。河段落差 25 米。平均最高水位 221.5 米（5 月~10 月），最低水位 209.89 米（2 月~3 月）。地表水、地下水的水质较好。地下水基本无污染，地表水污染也不严重。河床弯曲，水能资源充足。

另外，县境内基岩裂隙水广泛附存于本县侏罗系中统上沙溪庙地层中，分布面积 786 平方千米，占全县面积的 81.4%。

四、气候概况

（一）气温

武胜全县气候属亚热带湿润季风气候，气候温和、雨量充沛，无霜期长，日照充足。

该地区历年平均气温 17.6 摄氏度。常年 8 月最热，平均气温 28 摄氏度~32.9 摄氏度；一月最冷，均温 4.4 摄氏度~6.7 摄氏度。年际变动不大，较稳定。由于春季经常发生"倒春寒"天气，这时气温变化会大一些，气温降低 12 摄氏度左右；夏季受东南季风控制，季平均气温 26.8 摄氏度；初秋常有闷热天气，秋季平均气温 17.9 摄氏度；冬季平均气温 7.9 摄氏度。

（二）降水

武胜地区年平均降雨量 1037.9 毫米，年际变化不大。一般一年当中有两次降雨高峰期，一次出现在 6 月下旬至 7 月上旬，一次出现在 9 月中旬至下旬。

（三）日照

武胜县年平均日照时数 1280.8 小时，占全年可照时数的 29%。夏季平均 548.4 小时，占全年的 42.8%；冬季最少，约 143.4 小时，占全年的 11.2%。因此，本县全年阴雾天多，日照分配不均匀，全年日照不足。

五、灾害

全县境内常见自然灾害有干旱、雷暴、寒潮、连阴雨、暴雨、洪水六类。

（一）干旱

干旱是本县主要灾害性天气，分春旱、夏旱、伏旱；县境是伏旱区，有"十年九旱"之说。按县志记载，民国二十五年（1936年）入春以后，持续干旱到次年初夏，溪水断流，遍地赤土，庄稼几乎颗粒无收。1959年~1961年县境持续干旱。1959年春旱34天，71天严重伏旱；1960年春旱40天，45天严重伏旱；1961年夏旱36天，100多天未下大雨；1966年春旱、夏旱、伏旱断续100余天；1973年和1974年，伏旱严重。历年出现夏旱10年，70年代为伏旱高峰期。历年出现春旱12年，日平均雨量仅0.7毫米，水田断水龟裂，农作物枯萎、干死、秕壳严重。

（二）雷暴

雷暴多发生于7、8两月，以7月最多。雷暴常伴有狂风、暴雨、雷击。1971年~1984年，全县因雷击死13人，伤5人，房屋烧毁数间。

（三）连阴雨

全县历年有10年出现春播期的低温连阴雨11次，大部分出现于3月下旬，强度大，低温持续时间长。

县志记载，有21年出现秋绵雨32次，年均1.52次，一般出现在9月中至10月上旬，最长持续30天。连绵雨造成晚稻无收，迟熟晚秋作物普遍出现枯心病，小春作物播种困难，干田积水严重，秋季作物无法种植。

（四）暴雨

统计表明，全县历史上出现暴雨66次，年平均2.4次，其中大暴雨4次（1972年、1980年、1980年、1983年），特大暴雨1次（日降雨量超过100毫米）。暴雨主要集中在6月~8月。暴雨易引起山洪暴发、水土流失、冲垮塘库、损坏庄稼、房屋倒塌，造成人员、牲畜伤亡。

六、交通概况

武胜县交通便利，距省会成都市200多千米，距广安市78千米，距重庆市100多千米，有高速公路直接通达。宝箴寨离县城 21 千米。国道重庆广元公路在武胜县境从吉安至兴隆约有 30 千米；省道有沿口兴隆公路（岳兴公路沿口至兴隆段）、沿口罗渡公路（武胜县沿口至乐善乡水洞湾 18 千米，）；县道有武胜蓬溪公路。乡村道路总长 500 多千米，主要有全程 50 千米的武岳道、全程 45 千米的武罗道、全程 50 千米的武合道、全程 133 千米的武蓬道、全程 105 千米的武南道。

水路方面，嘉陵江自北向南等分县城为东西两部，在县境内长 102 千米，水域面积 127 万平方千米，船运基础优越。

七、环境概况

武胜县地理环境优越，自然资源丰富。地势由西北向东南倾斜，形成方山丘陵地貌。交通便利，公路网四通八达，有成南高速、国道，多条省道穿越县境；嘉陵江穿越县城，水运资源充足。

县境内嘉陵江段长 102 千米，水域面积 127 万平方千米，水能资源丰富，总计 22 万千瓦，居南充地区首位；水产资源丰富，各种江渔汇集嘉陵江武胜段境内。矿产资源丰富，天然气储备量大；野生植物、动物资源丰富，均在千种以上。

第二节　人文资源

一、文物资源

按《武胜县志》和地方文物部门档案记载，至 2006 年武胜有国家级重点文物保护单位宝箴寨 1 处；市保单位两处；县级文物保护单位古建筑 4 处，其中具有伊斯兰教风格的清真寺保存完好；遗址 4 处，以汉代时期的遗址为主；宋代的真静书岩石刻 1 处；近现代重要史迹武胜县烈士陵园（市保单位）和杨奚勤烈士牺牲地两处。现有馆藏文物 205 件，有陶器、瓷器、铜器、字画及木刻图书 200 余册。

宝箴寨戏楼

二、旅游概况

武胜地处川东浅丘陵地带，气候温和，有丰富的自然景观和人文景观。嘉陵江横贯县城，四周浅丘纵横起伏，形成山水交融的美丽图画。乘船溯渠江而上，可以欣赏渠江美景和肖溪极具明清特色的水运码头古镇。

武胜文物资源丰富，有古城遗址、真静书岩石刻、古建筑等，特别是保存最为完好的"全国罕有，蜀中一绝"之军防要塞式民居宝箴寨，它是川东寨堡式民居建筑中防御与生活结合最为紧凑的建筑典范。

此外，一代伟人邓小平的故居也在咫尺，广安的三大美食"三巴汤""英雄会"和"渣渣鱼"地方特色浓郁，具有很高的市场推广潜力。

这些丰富的文化和旅游资源，有待进一步加强宣传和开发力度，打造武胜县的旅游品牌。

第三章 文物遗存现状

　　宝箴寨，是清末时期当地富豪段氏家族为防避战乱依山而建，位于段家大院西侧 50 米处的山丘之上，由东塞和西塞两部分组成。平面呈不规则的哑铃状。东西走向，东西两头宽，中间细窄狭长，仅于塞的中间部位北面置一门供人进出。外围为石砌城墙，城墙上是可环绕通行的通道，墙内则依势布局东西两塞，形成四个院落和若干天井的木构建筑群，形成以轴线分段，外方内曲的厅堂廊阁建筑群。宝箴寨总建筑面积 7690 余平方米。占地面积达 30 余亩。整个建筑由防御设施、居住建筑设施、戏楼组成，是集军事防御、生活起居于一体的全封闭的天井院落式的寨堡式民居建筑，整体现状保存完好。

　　根据现有历史遗存和文物，将宝箴寨遗产类型分为塞内民居建筑群、城防体系、段家大院建筑群、附属文物四个方面，分别进行现状论述，其中塞内民居建筑群又分为东塞民居建筑群、西塞民居建筑群两部分；城防体系又分为东塞城防体系、西塞城防体系两部分。

第一节 塞内民居

　　塞内民居分前后两个时间分别建造东塞和西塞。根据各自所在的地形特征，建筑群体分成若干段轴线进行平面布局，形成主次院落、天井布局的木构建筑群。这组木构建筑群的共同特色是：外观整齐划一，内侧则依托防御城墙体系构建回廊，部分建筑内侧墙壁依势而曲折各异；普遍采用单檐悬山式屋顶、主要房屋都是一楼一底（望楼除外），灰瓦屋面，穿斗式梁架，内檐柱多紧贴城墙或置于城墙回廊的平台上。功能上东塞和西塞各自都是一套完整独立的生活居住体系，有堂屋，宿房，佣工住房，伙房，库房，仓库，戏楼，水井，水池，厕所，地下排水附属生活设施。主要的居住院

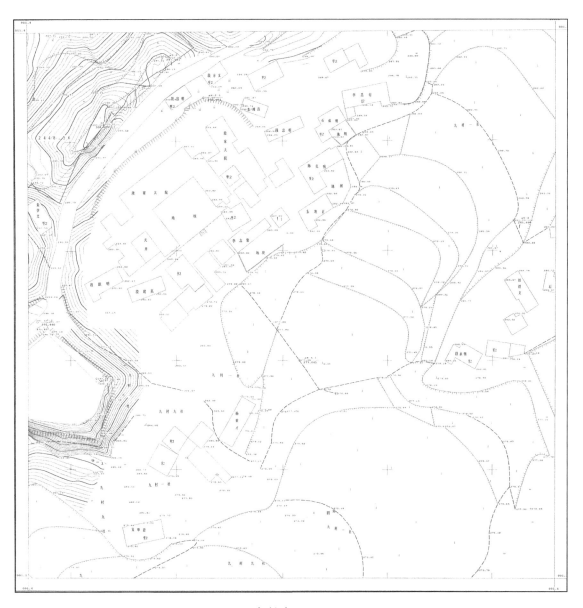

宝箴寨平面图

落采用轴线对称，布局方正规整，而后勤院落则顺应外围的城墙防御体系，因势因形进行布局，形成居住建筑与城墙防御两套系统的完美组合。塞内共用大小房舍200余间，形成七八个大小各异、形状各异的天井，建筑面积6549平方米。

一、东塞民居建筑群

东塞民居为三进式院落布局,历史上有四个天井,最后一进(后院)南北各有两个天井,分别是后勤小院和正房主院落,新中国成立后拆除整个后院,新建一座砖混建筑用作粮仓,现状形成一个南北窄向的院落。建筑面积891平方米,可以分为前院、中院和后院。

前院部分:前(西)为戏楼(望楼),后(东)为观戏楼,左右为城墙上的环形防御通道,上构木廊,与戏楼(望楼)、观戏楼共同围成一组院落,天井呈四方形,边长7米。望楼,又称戏楼,按戏台形式搭建,现状为两楼一底,面阔8.4米,进深6米;通高12米;三重檐,歇山式屋顶。底层北墙为入塞唯一的入口,石构拱形门洞和大门仍为原物,底层东南角为进入西塞大门;二楼为戏楼,戏楼屏板后有楼梯通三层,三楼为了望哨所,饰脊吻、飞檐,各楼层横枋施精美木雕。戏楼底层将梁的一端置于东西塞之间的墙体上;左右城墙通道的地坪与二层楼面在同一水平。

中院部分:从观戏楼底层向东穿过,至一个开敞的异形院落,左为弧形的城墙通

东塞民居

16

廊；右为一排齐整的厢房，总面阔七间共 27 米，进深三间 6 米；院落的尽端（东）为过厅，是通往后院正房的过厅，面阔七间 25 米，进深三间，6 米至 7 米不等，高 8 米；正三间前檐施走马转角楼，楼沿施木雕装饰，阶沿置"万字格"栏杆。中院落整体因势布局呈三角形，面积 135 平方米。

后院部分：原有两个天井院落被拆毁，改为一座砖混建筑用作粮仓，面阔 38 米，进深 12.4 米，高 12 米；粮仓南北山墙和东墙与东塞城墙内侧合一。粮仓与前面过厅之间形成一院子，呈南北窄条状，面积 152 平方米；穿过过厅可与中院落相通。

二、西塞民居建筑群

西塞为一院三天井布局，因地势不规则而整体形成不规则性分段就势格局。以中心的四合院为主体，并辅以北边的生活辅助天井。房间二十四间，建筑面积 1010 平方米。过厅、厢房、堂屋保存完好；局部屋顶、墙面灰浆有脱落。

西塞大院前，和东西塞隔墙之间形成一个天井，天井左边为厕所，右边为通往大

西塞民居

院的过廊。天井下凹，墙下栽种绿植，天井平面呈矩形，面积36平方米。大院为规整的四合院，房屋高大，周圈均施以廊柱，阶沿宽敞。前（东）为过厅，后（西）为堂屋，过厅面阔三间17米，进深三间8米，内外隔扇满置花窗，秀美富丽。正堂屋面阔四间18米，进深三间18米，石刻碑记《宝箴寨记》嵌在后墙上，南厢房三间17米，进深6米；北厢房三间13米，进深三间6米；转角房四间，建筑面积达585平方米；天井面积78平方米。建筑布局方正规整，由于各房屋后墙为因地势曲折的城墙，因此，各房屋的内墙根据城墙曲折因势布置。

从大院北厢房穿过，进入北侧小天井，为厨房院落，厨房位于天井西侧，为高敞的一楼一底式建筑，往西通往后天井。后天井由粮仓、杂物间、厨房及正房补间合围而成。粮仓系全木构成，木板之间的缝隙由白灰填实，底部也由架空木板铺就，与地面脱开；穿过杂物间有固定的石砌台阶上城墙的防御回廊，台阶下有新修厕所，原来为通往西塞外之秘密出口。

第二节　城防体系

宝箴寨防御工事分为东塞城防体系和西塞城防体系，虽然建造年代不同，但实际上已成为一个整体，其使用的建筑材料，工程做法基本相同，都是由环形通道平台、城墙、风雨木廊三部分组成。

1. 环形通道平台：城墙上为环形通道，标高比塞内民居地坪高出一个楼层，板石铺面。周长342米，高2米～3.5米不等，宽约2米；面积684平方米。通道外侧为石砌墙体，与城墙共为一体，依山势地貌高低而起伏，最高点达13米；通道内侧与塞内民居内墙紧密连成一体，利用部分民居上部空间做夹层，朝向通道开门，用作武器库和弹药库，与防御通道一起构成战时的防御守备系统。通道地坪标高根据地形变化，西塞高，东塞低，整个城墙上的环形通道仅有两处石级可供人上下，与塞内民居和院落相通。

2. 城墙：城墙由内外两层砌石墙夹中间土石层填实而成，石墙厚约30厘米～50厘米，中间土石夹层宽约1米至1.5米，总宽度等于环形通道宽度。外层石墙高出通道砌作成堞，墙体中间按照定向定点的地理目标，分别设置有瞭望孔、射击孔若干，间距设置有隐身的壁穴及厕所。瞭望孔为长方体，射击孔分为内八字形、菱形、异形、

宝箴寨城墙

圆形等，其大小也因势而异，小则几厘米。各个射击孔针对塞墙四周完全不同的角度，不留死角。通道转角处，均置有碉楼式防御工事，与城墙连为一体。东、西塞之间的防御通道平台与戏楼二层楼面合一，石墙下辟门，为东塞进入西塞的唯一塞门，塞门高 2.6 米、宽 1.6 米，拱形顶，置双扇木门，厚 15 厘米；门的型制与主塞门同。在当时修建时，为便于防卫，塞墙下还曾种植绿色荆棘，爬满了整个城墙，厚达 2 米，让人难以贴近。

3. 风雨木廊：环形通道上建有风雨木廊，覆盖整个通道。建筑为穿枋结构，小青瓦屋面，外檐立柱均置于外墙城堞上，内檐立柱或置于内墙上，或与塞内建筑相连。内廊檐至平台高 2.2 米至 2.5 米。并采用了传统的木构屋顶封闭，与塞内建筑连为一体，形成独特的防御作战风格

一、东塞城防体系

东塞建造于 1911 年，正值清末民初，社会动荡，川东地区匪患不断；武胜地方乡

绅段襄臣为了保护段氏家族人员和财产，在段家大院西侧的山丘上修建的集军事防御与生活设施为一体的塞堡式建筑。

东塞城防体系由环形通道平台、城墙和风雨木廊三部分设施组成。环形通道自成一个封闭系统，体现出东塞原先在设计上的完整性，标高与戏楼二层楼面相同，比塞内地坪高出 2.6 米。通道里侧与塞内建筑和院落紧连，局部利用民居的上部空间作夹层，朝向通道开门，用作屯兵或武器库，成为环形通道的重要军事组成设施。

城墙是防御性设施的重点。城墙直接从原始山体上砌筑起来，形状随山势曲折，完全封闭围合，仅留一门出入，防御性极强。塞墙做法为内外用两层厚约 50 厘米的条石垒砌，中间填以土石，根据山势砌筑高度 4 米 ~ 9 米不等，至墙头墙体宽度仍达 2 米，即城墙上的环形通道。外侧石墙高出通道部分砌作成传统城堞，垛口间距 2 米 ~ 2.5 米。

城墙砌筑方式采用自下而上垒砌，观察外墙的砌筑规律是：底层石条采用全丁砌筑，中间一丁一顺方式居多，最上层多采用多顺一丁。这种砌筑方式反映出设计者在建造时对结构稳定的细致考虑。推测塞墙基础全部采用条石实心砌筑，至一定高度后，

东塞环形通道平台

东塞城墙

开始砌筑塞墙内外两侧的条石墙体，中间填充碎土石，压紧夯实；两侧条石墙体采用丁顺结合的方式砌筑，也强化与中间土石层的拉接作用。这种砌筑方法简单有效，保证了塞墙结构上的稳定性，并有效节省了石料。

塞墙顶部高出通道的城堞部分用单层条石墙，厚度约30厘米～40厘米，采用"全顺"的砌筑手法。城堞为传统垛口形式，间隔两米左右均匀排列，共有垛口90个，垛口为普通方形孔，均匀地布置在城堞上，外观上和古代城墙式样相似，通过它可以观察到周围的情况，有力地打击远处的敌人。城墙上间距设置有突出外墙悬空的壁穴及厕所。另外在东南转角处，设置有一个突出墙体的墩台，与段家大院的碉楼相互呼应，成为城墙防御体系的重要组成。

城墙上再立木柱，建有木构回廊覆盖整个城墙通道，并与塞内建筑连为一体，不受天气的影响，形成独特的防御体系。清末兴建的东塞城堞，在设计主导意识上，仍以冷兵器时代的防御特征为主。

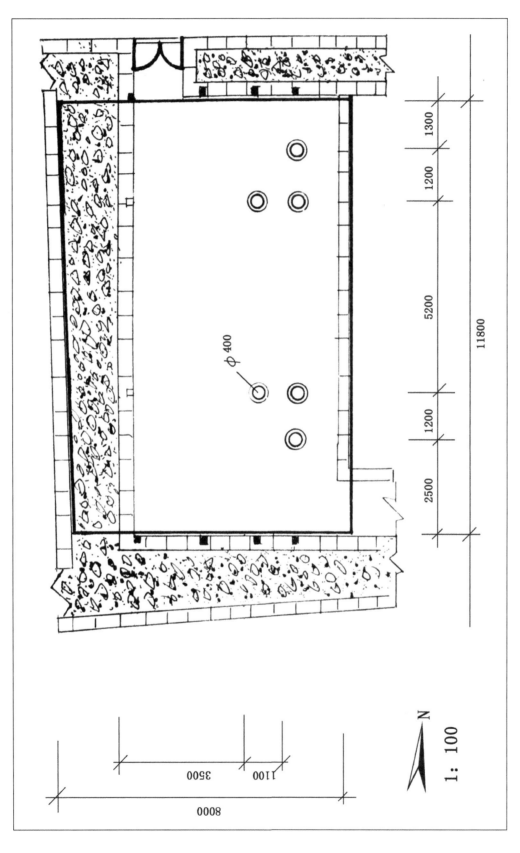

宝箴寨戏楼底层平面图

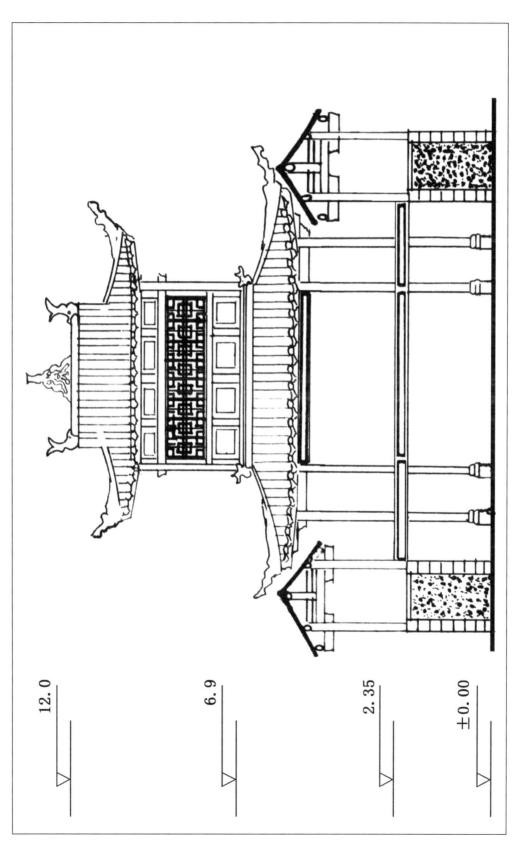

宝箧寨戏楼立面图

12.0

6.9

2.35

±0.00

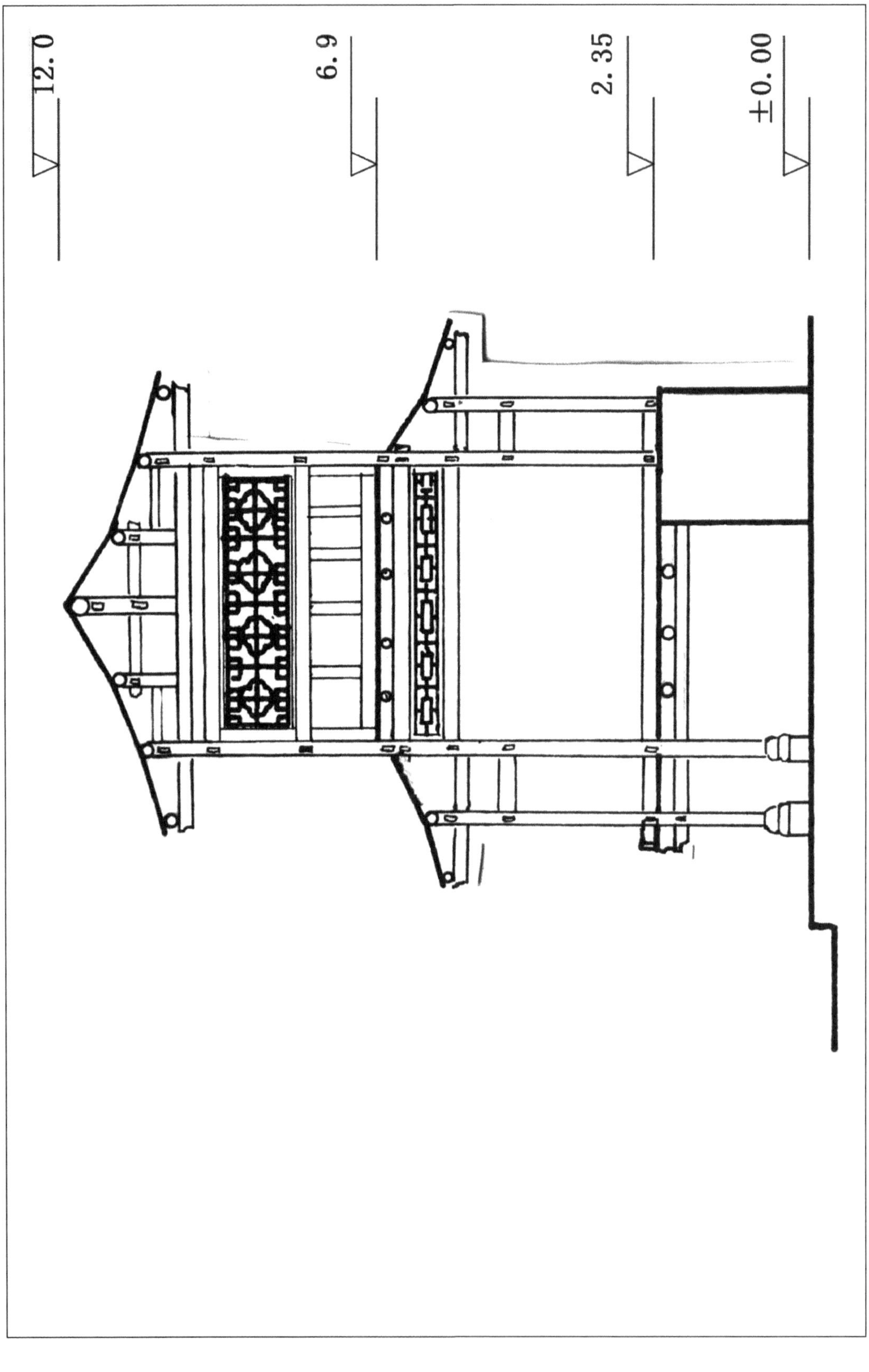

12.0

6.9

2.35

±0.00

宝箴塞戏楼剖面图

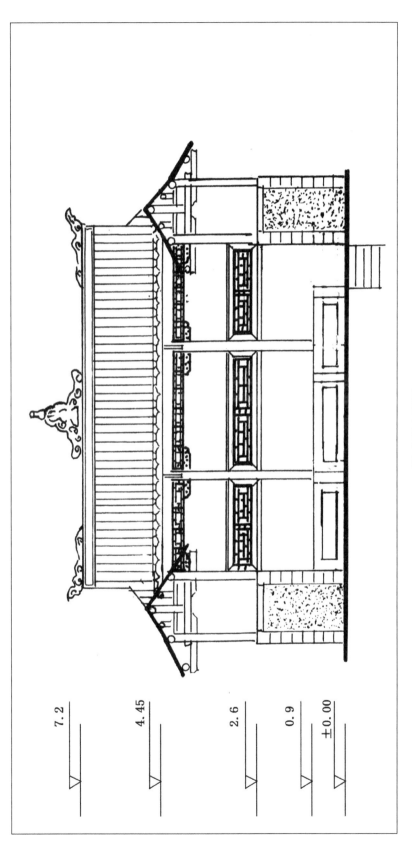

观戏楼立面图

7.2

4.45

2.6

0.9

±0.00

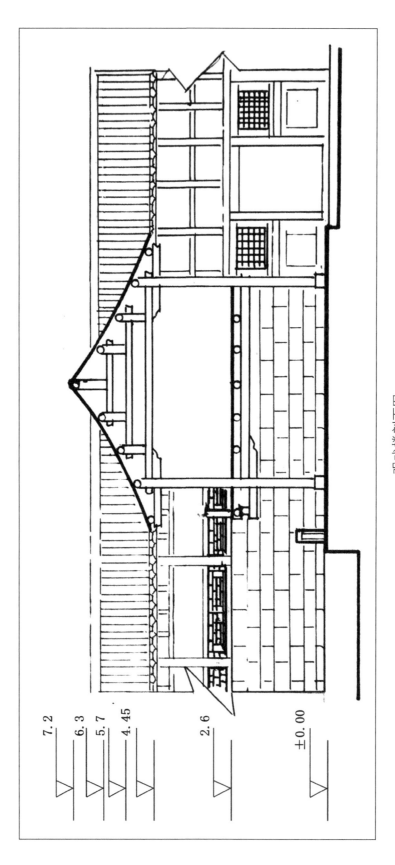

观戏楼剖面图

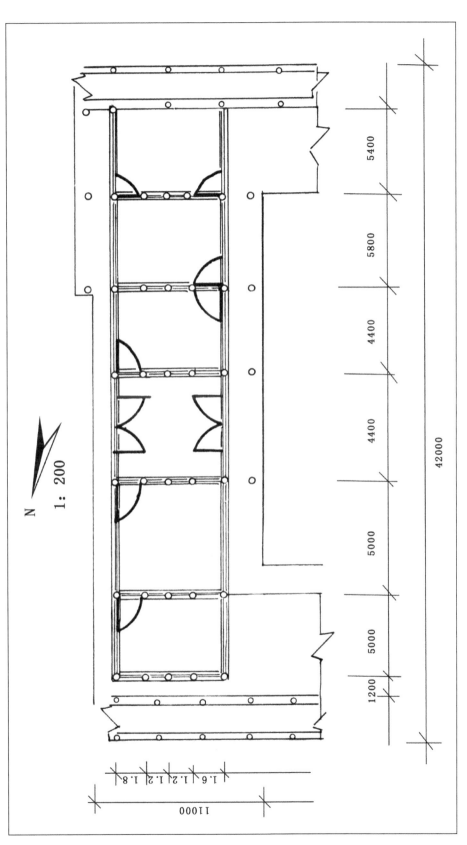

东塞正厅平面图

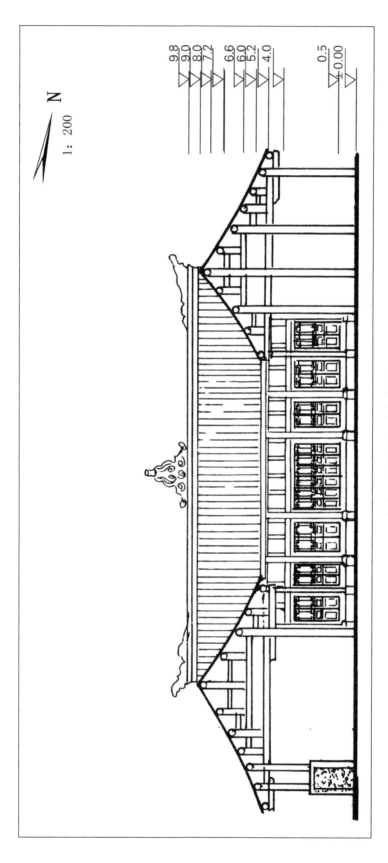

东塞正厅立面及南北房剖面图

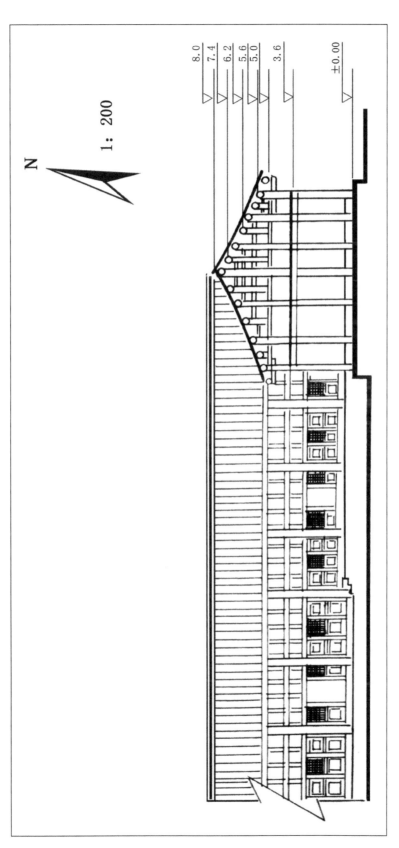

东塞正厅立面及北房立面图

8.0
7.4
6.2
5.6
5.0
3.6
±0.00

N

1：200

二、西塞城防体系

西塞建于 1932 年，正处于军阀混战期，段氏家族为了更好地保护家族利益，紧贴东塞的西墙外又兴建了同样兼具防御和生活的西塞。

虽然西塞紧贴东塞西墙扩建而成，但外观上东西两塞城墙浑然一体，墙头的通道也彼此相连成为一个整体。仅仅西塞通道的地坪比东塞略高，在相接处的戏楼后墙（东塞西墙）两端有台阶上下，西塞通道表面原铺砌石板，现大部分损坏，仅北面通道上可见少许。

西塞城墙与东塞城墙的修建方式大体相同，用条石依山而筑，砌石自下而上采用：全丁，一丁一顺，多顺一丁等方式。顶部的垛墙也采用单层条石"全顺"的砌筑的手法。木构回廊覆盖整个通道，穿木结构做法与东塞相同，但东塞檐下的立柱之间是用白木板封堵，而西塞全部采用薄石板。

西塞城墙与东塞最明显的区别在于射击孔的设置上，东塞主要是传统的城堞垛口，仅有少量的专门的射击孔。西塞城墙没有开放式的垛口，墙体封闭，全部在外墙上采用"内八字形"的射击孔，内大外小，沿墙体不均匀分布，外观上仅呈一道窄缝。另

段家大院鸟瞰图

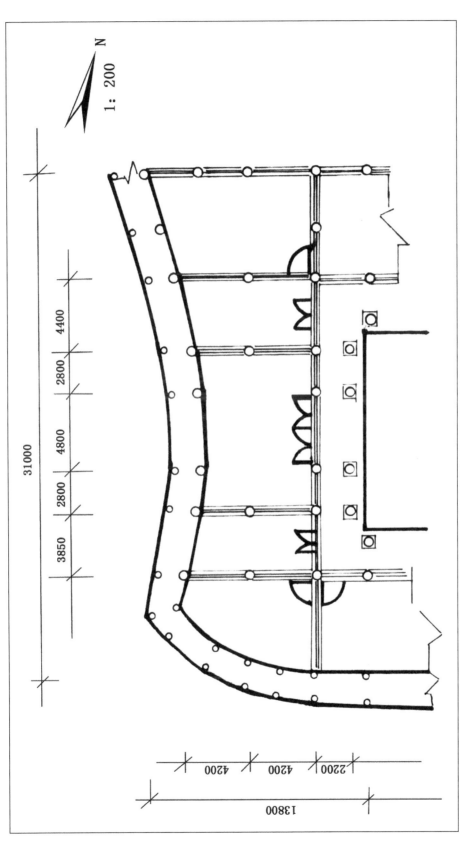

西塞正厅房平面图

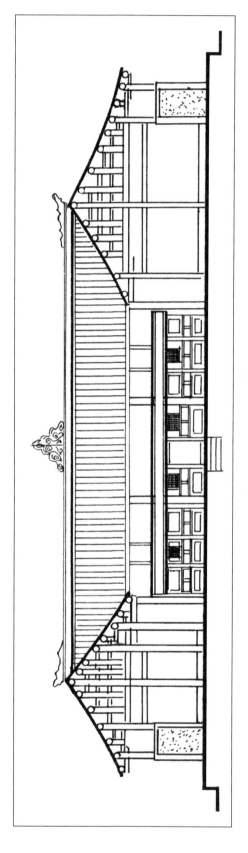

西塞正厅立面及南北房剖面图

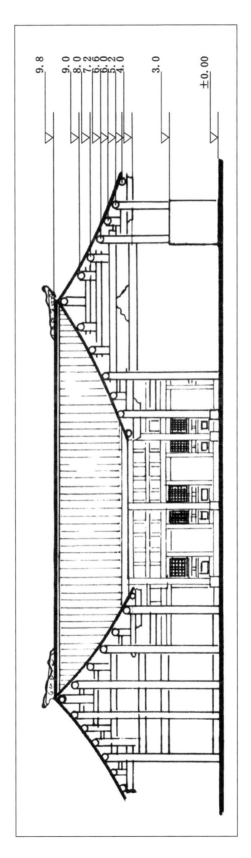

西塞过厅、正厅剖面图及南北房正立面图

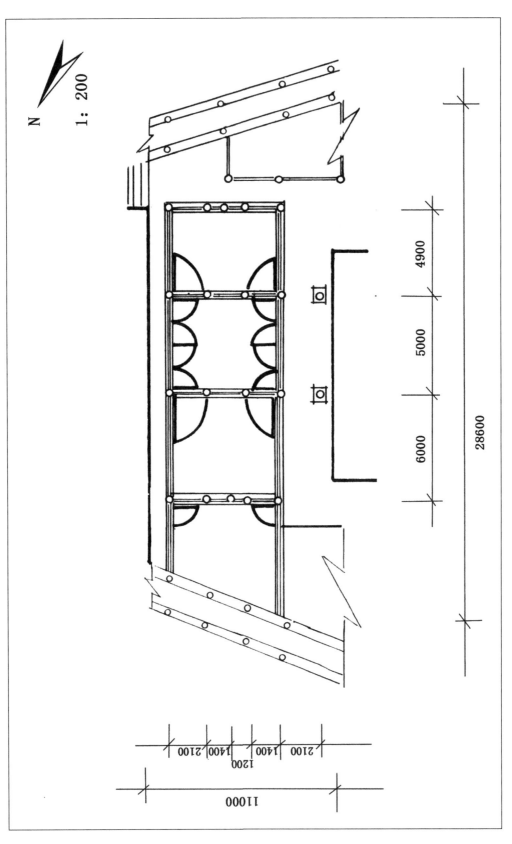

西塞过厅平面图

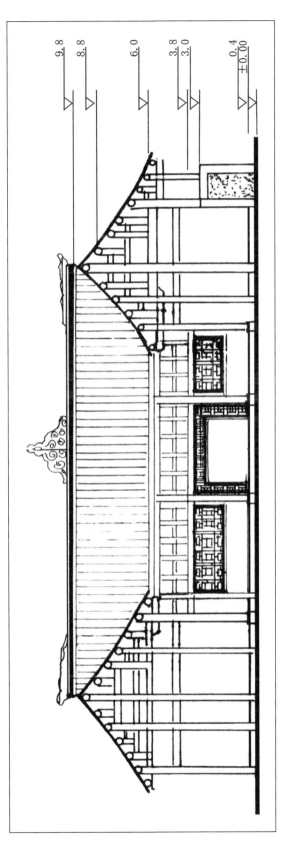

9.8
8.8
6.0
3.8
3.0
0.4
±0.00

西塞过厅立面及南北房剖面图

外根据需要控制的视角，在特别的位置设置专门角度的射击孔，专门打击处于死角的敌人，掩护重要的墙体和出入口，外观上十分隐蔽，整个射击防御体系的设计不仅考虑到打击防御远处的敌人，还考虑到打击消灭近处的敌人。同时还建造了若干悬在墙外的棱堡，在城墙西南角，也仿照东寨设置墩台，这些军事设施与城墙连为一体，共同组成独特的防御体系。

民国中期续建的西塞城防体系，明显表现出以火器为主的防御工事特征。

三、段家大院老宅

段家大院位于宝箴寨下，东北方向约 50 米处，现为村民居住。整个大院坐北朝南，为并列式三院落布局，南向，单檐悬山式屋顶，青瓦屋面，穿斗梁架，总建筑面积 2975 平方米。占地 20000 平方米。原有十九间房，原建有朝门三道、戏楼、花园、天井、水井、厨房、仓储、厕所等生活设施一应俱全，是段氏家族的主要生活起居空间。前三道朝门（包括戏楼）已被毁，现仅大院下房、院坝、碉楼、两侧厢房较好地

段家大院现状

保留了下来。大院下房与已毁掉的三道朝门在同一轴线上，长约60余米，形成多个空间层次。院坝内由1.5米宽的条石铺成，数十米的回廊使整个大院连成一体。在大院东侧有一座始建于1947年的军事防御体石砌碉楼，面积84平方米、高20余米碉楼四周建有斜式枪孔，保存完好。还设有枪械加工作坊。现有近年新建砖混民居十余间分布四周，良田耕地分置四野。

段家大院、碉楼、宝箴寨，以及用三道围墙将上述军事构筑物与居住设施紧紧结合在一起。它们是主与从的关系，段家大院是主，宝箴寨是从。大院内有一条道路直通向山顶宝箴寨。

四、其他附属文物介绍

消防石缸：民国，石质。数量七口。形状：长方形，宽1.8米、长1.2米、高0.8米。保存完整。

《宝箴寨记》石碑：刻于1936年，位于宝箴寨西塞客庭正壁中央碛石。长方形，宽2.5米、高1.5米，正书、阴刻。保存完好。

水井：清代，位于东塞大院院坝内。共一口，井深3米，井口为圆形，径0.7米。右行37行，行20字，字径5厘米。保存完好。

消防池：清代，位于东塞后院坝。共一处，南北向，深1.5米、宽1.2米，开凿于地下，上有板石覆盖，于南、北置取水眼。保存完好。

武胜宝箴寨附属文物表

序号	编号	名称	年代	数量	位置	完好程度	基本状况描述
1	1	消防石缸	民国	七口		局部残损	长方形，宽1.8米、长1.2米、高0.8米。
2	3	《宝箴寨记》	1936年	一通	宝箴寨西塞正厅中央	基本完好	碛石，长方形，宽2.5米、高1.5米，正书、阴刻。
3	4	水井	清代	一口	东塞大院院坝内	基本完好	井深3米，井口为圆形，径0.7米。右行37行，行20字，字径5厘米。
4	5	消防池	清代	一处	东塞后院坝	基本完好	南北向，深1.5米、宽1.2米，开凿于地下，上有板石覆盖，于南、北置取水眼。

东塞水井

消防水缸

评估篇

第一章　价值评估

第一节　宝箴寨价值评估

宝箴寨位于丘陵山地混杂的特殊自然环境之中，建于清末民初的匪患出没，社会动荡的历史时期。它集防御功能与居住功能为一体，格局保存完整，历史特征鲜明，建筑用材合理，防御性强，防御体系与居住设施结合巧妙；建筑形式具有川东地方民居特色。它完善的防御功能体系具有很高的科学研究价值，是研究四川地区特定历史时期的寨堡式民居建筑的典范之一。宝箴寨建筑群折射出来的丰富的人文及历史信息，是我们了解和研究历史的重要实物证据，具有较高的历史价值、科学价值、艺术价值和社会价值。

通过对历史和现状的调查，对宝箴寨的价值认识可以从历史背景、选址布局、景观环境、民居建筑特色、防御体系特色、附属文物等六个方面分别进行论述。

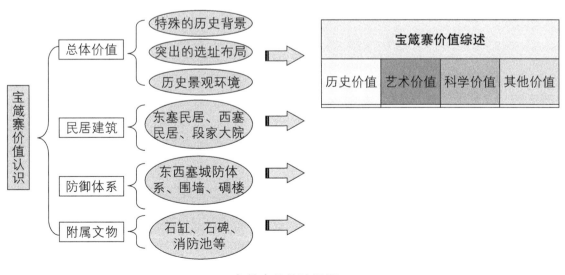

宝箴寨价值认识图

第二节　宝箴塞历史背景的特殊性

研究相关历史发现，宝箴塞这种防御与居住相结合的特殊建筑类型的产生，与川东地区特殊的历史背景有关。这种特殊的历史背景包括三个方面：特殊的历史时期；特殊的人文习惯；特殊的地理环境。

1. 特定的历史时期：在川东地区，历史上曾分布有大量寨堡式民居建筑，这些带有强烈防御特征的民居基本都建造于清末民初短短数十年期间，如目前仍存在的重庆云阳彭家楼子（清同治三年，1864年），宜宾屏山龙氏山庄（同治十三年，1874年），重庆渝北贺家寨子（光绪年间）等均建造在此时期。调查历史可知，明清两代四川农民起义不断，社会长期动荡不安，至清末民国初，军阀混战，民不聊生，各地多难民。四川东部山区土匪横行，盗匪猖獗，乡野中的大户人家更是成为土匪抢劫的主要对象。

2. 特殊的人文习惯：自清初顺治开始的四川移民运动影响深远，清朝历代大规模"湖广填四川"导致大量的移民进入四川，大量移民进入这个新环境之后，强烈的自我保护意识是催生寨堡式民居产生的其中一个重要原因。大量移民也形成了四川农民分散居住的风俗习惯。

3. 特殊的地理环境：四川东部为山地和丘陵交错地带，复杂的地理环境一方面带来了居住安全的不稳定因素，另一方面也为塞堡式民居建筑提供了必要的有利地形条件，这是寨堡式民居产生的客观因素。从地理位置上来看，四川东部山区是民国初川黔窜匪最为凶悍的交界山区，而这恰是引发这一时期内大量修建寨堡式民居的另一个主要因素。

历史背景的价值评估表

价值类别	价值评述	价值说明
历史价值	1. 特定历史时期：宝箴塞是清末民初特定历史时期的产物，是研究这一时期寨堡式民居建筑的重要实例。	清末民初，四川地区正值农民起义，军阀混战，匪患成灾，整个社会动荡的时期。清朝历史上在这些区域内推行"坚壁清野"的政策，大户地主均寻求建立堡垒，武装自保。
	2. 宝箴塞是特殊的历史人文环境下的产物，折射出来的丰富的人文及历史信息，是我们了解和研究历史的重要事物证据，也正是历史之于建筑的写照。	川东复杂的地理环境带来了居住安全的不稳定因素，且受移民历史的影响，形成四川农村分散居住的特殊风俗习惯，使得住所的安全问题尤为突出，成为防御性寨堡式民居产生的客观因素。

续　表

价值类别	价值评述	价值说明
历史价值	3.宝箴寨是特殊的历史地理环境下的产物。宝箴寨充分利用地形，将寨堡建于山体之上，依山就势于上塞面的渝北贺家寨子（光绪年间）等，下在突显了防御的建造思想，加强了寨堡的防御能力。	川东地区丘陵和山地地貌，为寨堡式民居据山而建，依山而守，提供了必要的有利地形条件。

第三节　选址布局的价值

宝箴寨是清末乡绅段襄臣建造用于保卫家族和财产的寨堡式建筑，塞堡与段家大院主宅相互呼应，并通过围墙连成整体，两组建筑群在选址布局上各有特色，具有很高的价值。

一、"据势守险"的选址特点

宝箴寨建造在段家大院附近的一座较高的山体上，地势险要，寨堡占据山顶，依地形建造，高出周围所有制高点，可控视野大，易守难攻。

价值说明：宝箴寨处浅丘地貌之高隘处，东西走向，平面呈银挺状，首尾阔，中间狭长，根据特殊的山地地貌环境，顺势建造，"外则方圆曲直就地取材"。突显了防御的建造思想，加强了寨堡的防御能力。

二、"围而不困"的选址特点

宝箴寨选址不仅考虑到依托险要地形加强防御性，还考虑到其使用者的居住和生活的需要，考虑到必要的生产、生活资料的供应。宝箴寨下是大面积的耕地和充足的水源，同时，用高大的围墙将段家主宅与寨堡联为一体，围墙内有各种加工作坊和仓库，宝箴寨唯一的塞门也朝向主宅，便于运送粮食，体现了防御的封闭性和生产生活的开放性统一。

价值说明：宝箴寨在军事防御方面，封闭且独立，但内部构建各项生活设施一应俱全，同时与外部主宅联系方便。具有了"自给自足"的补给能力。

三、传统"风水相址"的选址特点

与宝箴寨防御性的选址不同，作为段氏家族的主宅，段家大院选址上体现出传统民居"风水相址"的特点。背靠山坳，据较高地势，面朝开阔的水田耕地。整个建筑群南北轴线对称，坐北向南，背山面水，负阴抱阳。

价值说明：段家大院选址不占山顶，而是背靠山坳，据较高地势，面朝开阔的水田耕地。整个建筑群坐北向南，背山面水，负阴抱阳。

四、总体布局

总体布局上，宝箴寨与主宅既紧密联系又各自独立，防御体系彼此呼应形成整体防御，生活起居功能上又分别设置，独立建造，满足不同地点的生活要求。

价值说明：防御体系通过围墙，碉楼和宝箴寨城墙的相互呼应形成整体防御，生活起居功能上又彼此独立，无论是段家大院、东塞民居还是西塞民居，各自都是一套完整独立的生活起居体系。

五、宝箴寨的布局

宝箴寨布局以防御性为出发点，平面曲折，城墙顺应地形而建，高大封闭，不拘于礼法，但内部民居格局布置灵活又次序严整，二者完美统一，可见设计之精心。

价值说明：宝箴寨平面呈银挺状，首尾阔中间狭长，根据特殊的山地地貌建造，"外则方圆曲直就地取材，内则高楼大厦厅堂防廊仓库池井部署整齐"。突显了防御为先的建造思想，也形成了内部民居灵活多变的独特风格。

六、段家大院的布局

段家大院的布局以传统礼法为出发点，采用轴线对称，各房屋院落主次分明，礼法严格，周围各项生产资料加工设施完备，同时也配属碉楼围墙等军事防御设施于其中。

价值说明：主院落东西各有一次院落，每个院落正房、耳房、厢房位置明确，关系清楚，体现出严格的封建礼法等级制度，在大院周围还配属周围各项生产资料加工设施，也包括碉楼围墙等辅助军事设施。

第四节　景观环境的价值

宝箴寨是清末大地主段襄臣为保卫家族财产而建造，位于乡村田野的环境中，寨堡紧邻宅院，占据小山而建造，随着历史变迁，宝箴寨早已成为所在乡村环境中的重要组成部分，具有重要的景观环境价值。

1.宝箴寨与山体结合一体，高大威严，具有很强震慑作用，同时采用当地石材加工建造，与周围山体环境协调，建筑景观突出。

2.宝箴寨与段家大院，和周围层层叠叠的水田景观（段家的田产）相互映衬，体现生产、生活与防卫设施的高度统一，再现了我国历史上农耕社会的一个典型缩影；深刻反映了宝箴寨建造之初原有的历史环境，具有重要的历史价值和景观价值。

表 2-1-2　环境方面的价值评估

价值类别	价值评述	价值说明
历史价值	1.宝箴寨与段家大院，和周围层层叠叠的水田景观（段家的田产）相互映衬，体现生产、生活与防卫设施的高度统一，是我国历史上农耕社会的一个典型缩影；深刻体现了宝箴寨建造之初的历史环境。	宝箴寨是乡绅段襄臣建造用来保护家族和财产的军事寨堡，从功能上是段家大院和周围田产的"保护伞"，宝箴寨的射击孔可以覆盖整个段家大院和周围耕田及农舍（佃户家）。是我国历史上地主阶层与农耕社会生产、生活与防卫体系的历史景观的缩影。
艺术价值	2.宝箴寨与山体结合一体，高大威严，具有很强震慑作用，同时采用当地石材加工建造，与周围山体环境协调，建筑景观突出。	宝箴寨建造在一座较高的山体上，地势险要，寨堡占据山顶，用当地砂岩加工石材顺山势建造，形成高大耸立的山头寨堡，寨堡高出周围水田公路，从下仰望具有强烈震撼感。
	3.宝箴寨与段家大院，和周围层层叠叠的水田景观相互映衬，体现生产、生活与防卫设施的高度统一，再现了我国历史上农耕社会的一个典型缩影，具有重要的景观价值。	作为地主阶层保家自卫的宝箴寨占据着最高的山顶，作为地主宅院的段家大院建在山坡下，地势更低的大面积水田环绕在寨堡山体和段家大院四周，水田层层跌落，寨堡高耸在中间，整体自然景观突出。

（一）民居建筑价值

宝箴寨的民居遗存包括寨内民居（包括东塞民居、西塞民居）和段家大院，都属于典型的川东民居。无论在空间形态、建筑结构、建造材料和构造、建筑装饰等方面都具有自身的特点，具有历史、艺术和科学等方面的价值。

1. 段家大院和宝箴寨民居建造于清末，距今已有100多年的历史，至今基本保存完好，具有重要的历史价值。

2. 段家大院和宝箴寨民居由川东地区民间乡绅建造的私人宅第，无论是建造方法，还是空间格局都反映了那个时代和地域的民居特征，具有重要的历史价值和科学价值。

3. 段家大院和宝箴寨民居是具有高度防御性的地方民居，建筑类型十分特殊，它

西塞天井

的出现反映了历史上特殊的时代背景、人文背景和地理环境背景，具有重要的历史价值和研究价值。

4. 段家大院和宝箴寨民居基本都采用穿斗式木结构，结构清晰，构造简单，做法朴素实用，反映地方民居的典型特征，具有重要的科学和艺术价值。

5. 段家大院和宝箴寨民居建筑材料以石条和木材为主，以条石做基础和地面，以木材做结构和装饰，取材简单。在建筑构造上对石材和木材加工细致，如用石材加工制作出各种类型的射击孔，以及外挑悬空的石构厕所；用木材制作各种装饰裙板，以及架空隔潮的粮食仓库等。体现出高超的构造工艺和材料加工技术，具有较高的科学和艺术价值。

6. 段家大院和宝箴寨民居建筑立面风格简单质朴，色彩大胆，建筑色彩多为黑色、红色和白色，其中黑色为木结构框架，红色为填充的木板，白色为填充的泥墙。建筑色彩直接反映建筑结构和材料的差异，形成装饰韵味十足的立面外观，具有较高的科学和艺术价值。

建筑的价值评估表

价值类别	价值评述	价值说明
历史价值 科学价值	1. 段家大院和宝箴寨民居建造于清末，距今已有 100 多年的历史，至今基本保存完好，具有重要的历史价值。	湖广填四川的大量移民时期，带来多种文化的交融和碰撞，形成新的文化因素，这种思想和文化的变革不仅对盆地内寨堡式民居的建筑风格有着直接影响，又可谓是其建筑深层的思想原因。建筑风格的移民色彩。一些外地的工匠移民入川，也带来了新的建造技术，在山地丘陵纵横的川东地区，并逐渐形成地方民居典型的建造方法和空间格局。
	2. 段家大院和宝箴寨民居由川东地区民间乡绅建造的私人宅第，无论是建造方法、空间格局都反映了那个时代和地域的民居特征，具有重要的历史价值和科学价值。	
	3. 段家大院和宝箴寨民居是具有高度防御性的地方民居，建筑类型十分特殊，它的出现反映了历史上特殊的时代背景、人文背景和地理环境背景，具有重要的历史价值和研究价值。	
科学价值 艺术价值	段家大院和宝箴寨民居基本都采用穿斗式木结构，结构清晰，构造简单，做法朴素实用，反映地方民居的典型特征，具有重要的科学和艺术价值。	宝箴寨的内部居住建筑采用的是穿斗和抬梁相结合的结构体系。两者相混的结构方式在盆地内的民居形式中带有普遍性。戏楼采用的是抬梁结构体系，是为了不遮挡视线的要求。寨内大部分的建筑均为两层，分为两层使用。这是四川民居中常采用的一种手法。这是为避免湿气常采用的建筑手法。

价值类别	价值评述	价值说明
	段家大院和宝箴寨民居建筑材料以石条和木材为主，以条石做基础和地面，以木材做结构和装饰，取材简单。在建筑构造上对石材和木材加工细致，体现出高超的构造工艺和材料加工技术，具有较高的科学和艺术价值。	用石材加工制作出各种类型的射击孔，以及外挑悬空的石构厕所；用木材制作各种装饰裙板，以及架空隔潮的粮食仓库等，粮仓构建底部由木板铺就，并于地面托开，以保证这个木制容器的干燥，适应四川地区湿润的气候条件，利于粮食的储藏。
	段家大院和宝箴寨民居建筑立面风格简单质朴，色彩大胆，建筑色彩直接反映建筑结构和材料的差异，形成装饰韵味十足的立面外观，具有较高的科学和艺术价值	宝箴寨建筑色彩多为黑色、红色和白色，其中黑色为木结构框架，红色为填充的木板，白色为填充的竹编夹泥墙。建筑色彩直接反映建筑结构和材料的差异，竹编夹泥墙是具有地方特色的建筑用材，有取材方便、成本低廉、不占空间的特点，四川地区大量用于屋内墙体。

（二）防御体系价值

虽然功能上宝箴寨仍是以生活起居为核心，但是完善的防御体系是它最突出的特征，同时，段家大院主宅旁构建碉楼，与宝箴寨防御上相互呼应，并将围墙将主宅与宝箴寨联系一体，形成多层次的防御体系。具有极其重要的历史价值、艺术价值和科学价值。

1. 宝箴寨东塞始建于1911年，西塞1932年续建城防体系规模宏大，保存完整，具有重要的历史价值。

2. 宝箴寨城防体系是由地方乡绅建造的民间防御工事，目的是保护自己的家族。建筑类型十分特殊，在川东地域内仍保留完整的民居寨堡数量已十分稀少，具有重要的历史价值。

3. 宝箴寨城防体系是宝箴寨和段家大院民居的重要组成部分，反映出我国清末民初特殊的历史时期，反映了四川地区特殊的移民文化和人文风俗，具有重要的历史价值。

4. 宝箴寨防御体系分别建造于两个不同时期，其防御体系分别体现了以传统冷兵器为主的军事工事和以火器为主的现代军事工事的结合，它的发展变化也反映了我国冷、热兵器过渡的重要历史时期，是军事工程发展史方面的重要实证，具有重要的研究价值和历史价值。

5. 宝箴寨城防体系的选址依山就势，总体布局巧妙，防御层次分明，具有重要的科学价值。

6. 宝箴寨城防体系由高大城墙，环形防御通道，多重隐蔽和交叉掩护的射击孔体系，以及配属的武器弹药库、厕所等组成，防御设施系统完善，体现出军事防御上的完美的设计，具有重要的科学价值。

7. 宝箴寨城墙上的射击孔形式多样，射孔类型的设计充分考虑了防御目标位置、自身隐蔽性和使用者操作方便等多方面要求，对石材加工细致合理，具有重要的科学价值和艺术价值。

8. 宝箴寨城墙外墙全部用条石，从下到上采用"全丁、一丁一顺、多顺一丁"的砌筑方式，坚固耐久，节约石料，很好地适应了城墙结构和防御功能上的要求。具有重要的科学价值。

9. 宝箴寨修建在山丘之上，高达十多米石墙与山体融为一体，远观高大威严，在山脚下抬头仰望，寨堡壁垒森严，难以逾越，具有巨大的心理震慑作用，艺术价值突出。

10. 宝箴寨城防体系寨墙采用条石作为起主要建筑材料，沉重的石材给人以沉稳的感觉，也给人以坚不可摧的印象。外部造型以朴素大气的石墙面为主，给人以沉稳、大方的建筑造型感观，与山体环境所共同形成的机理的对比和变化，具有独特的建筑观赏和艺术价值。

防御体系的价值评估表

价值类别	价值评述	价值说明
历史价值	1. 宝箴寨东塞 1911 年建成，西塞 1932 年续建完成，距今已有近百年历史，城防体系规模宏大，保存完整，具有重要的历史价值。	自明清时期以来，四川盆地的社会环境受农民起义的影响就从未间断，战乱和战后移民不断。到清末民初，社会制度更替，时局动荡所造成的匪患更是成为威胁四川盆地，特别是盆地东南部边缘地区人们生命和财产安全的重要因素，寨堡式民居反映的正是其时烽火不断、匪患为乱的社会背景，作为一个特殊历史背景下产生的民居建筑类型，寨堡式民居的使用者为乡间豪绅或普通农民，而不是朝廷或国家的军事设施，具有突出的防御功能特点，但仍以居住或其他生活内容为根本目的，是具有围合防御体系的民居建筑和建筑群。
	2. 宝箴寨城防体系是由地方乡绅建造的民间防御工事，目的是保护自己的家族。建筑类型十分特殊，在川东地域内仍保留完整的民居寨堡数量已十分稀少，具有重要的历史价值。	
	3. 宝箴寨城防体系是宝箴寨和段家大院民居的重要组成部分，反映出我国清末民初一段特殊的历史时期，反映了四川地区特殊的移民文化和人文风俗，具有重要的历史价值。	

价值类别	价值评述	价值说明
	4.宝箴寨防御体系分别建造于两个不同时期，其防御体系分别体现了以传统冷兵器为主的军事工事和以火器为主的现代军事工事的结合，它的发展变化也反映了我国冷、热兵器过渡的重要历史时期，是军事工程发展史方面的重要实证，具有重要的研究价值和历史价值。	宝箴寨城防体系建造于清末民初，分别在1911年和1932年两次建造而成，正好跨越了清朝覆灭，民国初建的年代，我国军事武器上正好处在弓箭长枪等冷兵器逐渐退出历史舞台，火器开始大面积普及的历史时期。宝箴寨分两个时期建造的防御工事，清晰地反映了冷、热兵器过渡时期的不同的工事特征。
科学价值	5.宝箴寨城防体系的选址依山就势，总体布局巧妙，防御层次分明，具有重要的科学价值。	宝箴寨位于山丘之上，外围随山形变化，充分利用和继承了寨堡的"依山就势"的围合特点，取得良好的防御效果。封闭围合的建筑布局，体现了防御功能。以此为基础形成的对外防御体系是有别于其他民居的独特之处。
	6.宝箴寨城防体系由高大城墙，环形防御通道，多重隐蔽和交叉掩护的射击孔体系，以及配属的武器弹药库、厕所等组成，防御设施系统完善，体现出军事防御上的完美的设计，具有重要的科学价值。	宝箴寨城防体系是具有交叉火力的多方位的立体防御设计，是寨堡式民居防御体系中的精华。组成这个防御体系的建筑要素则包括寨门、寨墙、碉楼、通廊、枪口、武器弹药库等。功能明确，体系完善。例如，厕所游历于主体居住空间之外，使厕所的异味不会对内部居住产生影响；同时位于环廊之中的厕所也为防御者提供了方便，有利于防御。环廊沿寨墙，形成贯通的廊道，在防御上具有很好的机动性；环廊形成封闭的空间，也利于其内的人的自我掩护。
科学价值	7.宝箴寨城墙上的射击孔形式多样，射孔类型的设计充分考虑了防御目标位置、自身隐蔽性和使用者操作方便等多方面要求，对石材加工细致合理，具有重要的科学价值和艺术价值。	宝箴寨城防体系是具有交叉火力的多方位的立体防御设计。防御点的选择精巧，射孔设计富有创造性，至少有三个突出特点：隐蔽性和多方位性，防御针对性和相互掩护性，操作便利性。寨门两侧的寨墙成钝角，寨门在钝角的转角点上，寨门上方石墙两侧各开着一个枪眼，成45度相互掩护，护卫寨门，十分隐蔽。
	8.宝箴寨城墙外墙全部用条石，从下到上采用"全丁、一丁一顺、多顺一丁"的砌筑方式，坚固耐久，节约石料，很好地适应了城墙结构和防御功能上的要求。具有重要的科学价值。	无论是外墙砌筑，不是内墙砌筑，采用的施工工艺都很好地适应了防御功能的要求，在宝箴寨的寨墙修建中得到最好的体现。外墙从下到上采用"全丁、一丁一顺、多顺一丁"的砌筑方式，内墙则是：多顺一丁和全顺，砌筑方法简单且省料。
艺术价值	9.宝箴寨修建在山丘之上，高耸的寨墙沿着本已十分险峻的崖壁修建，高达十多米石墙与山体浑然一体，远观高大威严，在山脚下抬头仰望，寨堡壁垒森严，枪眼密布，难以逾越，具有巨大的心理震慑作用，艺术价值突出。	"依山就势"的自由布局的寨墙，是充分利用险要地形以加强防御而产生的直接结果。寨墙利用自然的地理高差，使寨墙的相对高度大大增加，在其山脚下，则只能仰望之。巨大的落差成为不可逾越的屏障。

续 表

价值类别	价值评述	价值说明
	宝箴寨城防体系寨墙采用条石作为起主要建筑材料，沉重的石材给人以沉稳的感觉，也给人以坚不可摧的印象。外部造型以朴素大气的石墙面为主，给人以沉稳、大方的建筑造型感观，与山体环境所共同形成的机理的对比和变化，具有独特的建筑观赏和艺术价值。	宝箴寨用当地石块做寨墙，干净利落，石头色彩纯正，发出青白或暗红的颜色，这些色调不突出，能和周围的环境很好的融合，美观而且有很好的隐蔽性。石头坚固耐用，可以抗年限。同时石材具有良好的刚度和强度，能抵御子弹之内的一般攻击。外部造型大面积条石墙面为主，给人以沉稳、大方的建筑造型感观，给人以坚不可摧的印象。

（三）附属文物价值

宝箴寨和段家大院内仍保存有石碑、石缸、消防水池等附属文物，这些附属文物是宝箴寨文化遗产的重要组成，尤其是《宝箴寨记》石碑，详细记载了宝箴寨建造的历史和原因，具有重要的历史价值。完整原址保留的石缸石槽以及消防水池是宝箴寨原有格局的历史原物，具有历史、艺术和科学三方面文物价值。

东塞异形院落

附属文物的价值评估表

价值类别	价值评述	价值说明
综合价值	宝箴寨内的石碑、石缸、消防水池等附属文物，都是原址保存的历史原物，是宝箴寨文化遗产的重要组成。具有历史、艺术和科学三方面的文物价值。	《宝箴寨记》石碑，详细记载了宝箴寨建造的历史和原因，各个院落保留的石缸和消防水池，多数用整块石头加工而成，至今仍存放在原有位置上，是宝箴寨文化遗产的重要组成部分。

第五节　宝箴寨总体价值综述

根据《中国文物古迹保护准则》中关于文物价值的历史、艺术、科学三方面价值的论述，对宝箴寨的各项价值认识进行整理，

1. 历史价值主要表现在以下方面（中国文物古迹保护准则第 2.3.1 条）：

由于某种重要的历史原因而建造，是历史的真实再现；某种重要的历史原因指历史人文背景。

在其中发生过重要事件或有重要人物曾经在其中活动，并能真实地显示出这些事件和人物活动的历史环境。

体现了某一历史时期的物质生产、生活方式、思想观念、风俗习惯和社会风尚。

可以证实、订正、补充文献记载的史实。

在现有的历史遗存中，其年代和类型独特珍稀，或在同一类型中具有代表性。

能够展现文物古迹自身的发展变化。

2. 科学价值指科学史和技术史方面的价值，主要表现在以下方面：（中国文物古迹保护准则第 2.3.3 条）

规划和设计，包括选址布局，生态保护，灾害防御，以及造型、结构设计等。

结构、材料和工艺，以及它们所代表的当时科学技术水平，或科学技术发展过程中的重要环节。

本身是某种科学实验及生产、交通的设施或场所。

在其中记录和保存着重要的科学技术资料。

3. 艺术价值主要表现在以下方面：

建筑艺术，包括空间构成、造型、装饰和形式美。

景观艺术，包括风景名胜中的人文景观、城市景观、园林景观，以及特殊风貌的

遗址景观等。

　　附属于文物古迹的造型艺术品，包括雕刻、壁画、塑像，以及固定的装饰和陈设品等。

　　年代、类型、题材、形式、工艺独特的不可移动的造型艺术品。

　　上述各种艺术的创意构思和表现手法。

　　4. 社会价值主要表现在以下方面：

　　承担之家庭与社会功能。

　　承担之文化活动功能。

　　经济活动中的功能。

　　重要活动、重要事件的象征性与代表性。

　　人们思想教育功能。

宝箴寨价值评估表

总体价值	价值认识主体	价值对象（分项）	总体价值评估			
			历史价值	艺术价值	科学价值	社会价值
宝箴塞总体价值	整体特色	历史背景	●			
		选址布局	●	●		
		历史景观环境	●	●		
	民居建筑特色	东塞民居	●	●	●	●
		西塞民居	●	●	●	●
		段家大院	●	●	●	●
	防御体系特色	东塞城防系统	●	●	●	●
		西塞城防系统	●	●	●	●
		整体防御系统	●	●	●	●
	附属文物		●	●	●	●

　　注：●表示具有的价值

第六节　现状评估

　　依据上述价值评估的认识，我们初步形成了对宝箴寨价值点的整体认识。以此为据，对宝箴塞相关各部分的现状进行评估，发现现状中危害宝箴塞本体和价值传承与展现的各类问题和相关影响因素。

评估对象按照文物本体基本组成分为三个部分，分别对宝箴塞塞内民居、宝箴塞防御体系、段家大院以及附属文物进行评估。

评估以文物真实性和完整性为目标，评估要素包括文物本体的相关信息，其中真实性的评价以历史信息为主，完整性的评价以现状信息为主。

一、塞内民居评估

（一）塞内民居真实性评估

依照文物的历史信息，对文物原状受到的干预程度和变化状况，对宝箴塞塞内民居的真实性进行评估。评估分为三个等级：

真实性好：（A）；真实性一般：（B）；真实性较差：（C）。

对于塞内民居，文物真实性选取建筑历史格局，建筑年代，建筑功能，建筑风貌，建筑结构五项指标进行评价，每项的评估标准分为Ⅰ、Ⅱ、Ⅲ三个等级。

1. 建筑格局：Ⅰ—历史格局；Ⅱ—部分格局改动；Ⅲ—完全改变。

2. 建筑年代：Ⅰ—1911 年或 1932 年；Ⅱ—建国初期（20 世纪 70 年代）；Ⅲ—2003 年左右。

3. 建筑功能：Ⅰ—历史功能；Ⅱ—历史功能废弃；Ⅲ—功能改变或现代功能。

4. 建筑风貌：Ⅰ—古老美观；Ⅱ—传统协调；Ⅲ—新建协调。

5. 建筑结构：Ⅰ—木结构；Ⅱ—传统石（砖）结构；Ⅲ—砖混或混凝土结构。

对于民居院落真实性选取院落格局，院落年代，院落风貌，院落铺装五项指标进行评价，每项的评估标准分为Ⅰ、Ⅱ、Ⅲ三个等级。

1. 院落格局：Ⅰ—历史格局；Ⅱ—部分格局改动；Ⅲ—完全改变。

2. 院落年代：Ⅰ—1911 年或 1932 年；Ⅱ—建国初期（20 个世纪 70 年代）；Ⅲ—2003 年左右。

3. 院落风貌：Ⅰ—古老美观；Ⅱ—传统协调；Ⅲ—新建协调。

4. 院落铺装：Ⅰ—历史原状；Ⅱ—部分修改；Ⅲ—完全改变。

塞内民居包括东塞民居和西塞民居，分为建筑和院落，分别设立真实性评估表，进行评估。

1.东塞民居建筑真实性评估

根据真实性的评价指标，设立东塞民居真实性评估表，对每栋房屋进行编号和评估，具体见下表。

东塞民居建筑真实性评估表

文物本体		建筑编号	建造年代	状态陈述	真实性评估分项					评估结论
					建筑格局	建筑年代	建筑功能	建筑风貌	建筑结构	
东塞民居	戏楼（望楼）	DS-B01	2003	戏楼是2003年全面重建的，现状保存完好。	II	III	I	II	I	C
	观戏楼	DS-B02	1911年	自清末建成以后，未有大规模修缮活动，建筑格局、建筑功能、建筑形式保持原状。2003年宝箴寨遭暴风雨袭击，在对宝箴寨进行抢险排危工程中，主要修补屋脊及屋檐小青瓦，现状保存基本完好，局部墙面、屋顶灰浆有脱落。	I	I	I	I	I	A
	厢房	DS-B03	1911年	建筑格局、建筑功能、建筑形式、建筑结构保持原状，1958年地面铺装变为水泥。2003年修补屋脊、屋檐，更换残件。局部墙面、屋顶灰浆有脱落。现状保存基本完好。	I	I	I	II	I	B
	厢房	DS-B04	1911年	建筑格局、建筑功能、建筑形式、建筑结构保持原状，2003年修补屋脊、屋檐，更换残件。现状保存完好，局部墙面、屋顶灰浆有脱落。	I	I	I	I	I	A
	厢房	DS-B05	1911年	建筑格局、建筑功能、建筑形式、建筑结构保持原状，2003年修补屋脊、屋檐，更换残件。局部墙面、屋顶灰浆有脱落，现状保存完好。	I	I	I	I	I	A
	厢房	DS-B06	1911年	建筑格局、建筑功能、建筑形式、建筑结构保持原状，2003年修补屋脊、屋檐，更换残件。局部墙面、屋顶灰浆有脱落，现状保存完好。	I	I	I	I	I	A

文物本体		建筑编号	建造年代	状态陈述	真实性评估分项					评估结论
					建筑格局	建筑年代	建筑功能	建筑风貌	建筑结构	
东塞民居	厨房	DS-B07	1911年	1958年地面铺装变为水泥。2003年修补屋脊、屋檐，更换残件。局部墙面、屋顶灰浆有脱落，现状保存基本完好。	I	I	I	II	I	B
	厢房	DS-B08	1911年	建筑格局、建筑功能、建筑形式、建筑结构保持原状，2003年加石板，修补屋脊、屋檐，屋顶裙板为后来加装。更换了部分残件。局部墙面、屋顶灰浆脱落，现状保存基本完好。	II	I	I	I	I	B
	展览馆	DS-B09	1972年	1970年改建为砖石结构粮仓，2004年装修为宝箴塞文物陈列室，现状保存完好。	III	II	III	III	III	E
	粮仓	DS-B10	1911年	建筑格局、建筑功能、建筑形式、建筑结构保持原状，2003年修补屋脊、屋檐，更换残件。局部墙面、屋顶灰浆有脱落，现状保存完好。	I	I	I	I	I	A
	厢房	DS-B11	1911年	建筑格局、建筑功能、建筑形式、建筑结构保持原状，2003年加石板，修补屋脊、屋檐，屋顶裙板为后来加装。更换了部分残件。局部墙面、屋顶灰浆脱落，现状保存基本完好。	I	I	I	I	I	A
	过厅	DS-B12	1911年	建筑格局、建筑功能、建筑形式、建筑结构保持原状，1976年换地面石板，2003年加石板，修补屋脊、屋檐，屋顶裙板为后来加装。更换了部分残件。局部墙面、屋顶灰浆脱落，现状保存基本完好。	II	I	I	I	II	B

2. 东塞民居院落真实性评估

根据真实性的评价指标，设立院落真实性评估表，对每个院落进行编号和评估，具体见下表。

东塞民居院落真实性评估表

文物本体		建造年代	状态陈述	真实性评估分项				评估结论
				院落格局	院落年代	院落风貌	院落铺装	
东塞院落	DS-Y01	1911年	院落格局、院落功能、院落空间、院落铺装均保持原状，现状保存完好。	I	I	I	I	A
	DS-Y02	1911年	院落铺装保持原状，院落格局、功能、空间均发生变化，原状改变。	III	I	I	II	C
	DS-Y03	1911年	院落格局、院落功能、院落空间、院落铺装均保持原状，2003年略做修复，现状保存完好。	II	I	I	II	B

3. 西塞民居建筑真实性评估

根据真实性的评价指标，设立建筑真实性评估表，对每栋房屋进行编号和评估，具体见下表。

西塞民居建筑真实性评估

文物本体		建筑编号	建造年代	状态陈述	真实性评估分项					评估结论
					建筑格局	建筑年代	建筑功能	建筑风貌	建筑结构	
西塞民居	厕所	XS-B01	1932年	建筑格局、建筑功能、建筑形式、建筑结构保持原状，2003年修补屋脊、屋檐，更换残件。局部墙面、屋顶灰浆有脱落，现状保存完好。	I	I	I	I	I	A
	过厅	XS-B02	1932年	建筑格局、建筑功能、建筑形式、建筑结构保持原状，2003年修补屋脊、屋檐，更换残件。局部墙面、屋顶灰浆有脱落，现状保存完好。	I	I	I	I	I	A
	厢房	XS-B03	1932年	建筑格局、建筑功能、建筑形式、建筑结构保持原状，2003年修补屋脊、屋檐，更换残件。局部墙面、屋顶灰浆有脱落，现状保存完好。	I	I	I	I	I	A
	厢房	XS-B04	1932年	建筑格局、建筑功能、建筑形式、建筑结构保持原状，地面铺装部分改变，其余保存完好	I	I	I	II	II	B

文物本体		建筑编号	建造年代	状态陈述	真实性评估分项					评估结论
					建筑格局	建筑年代	建筑功能	建筑风貌	建筑结构	
西塞民居	厢房	XS-B05	1932年	建筑格局、建筑功能、建筑形式、建筑结构保持原状，保存基本完好。	I	I	I	I	I	A
	厢房	XS-B06	1932年	建筑格局、建筑功能、建筑形式、建筑结构保持原状，保存基本完好。	I	I	I	I	I	A
	厨房	XS-B07	1932年	建筑格局、建筑功能、建筑形式、建筑结构保持原状，局部墙面、屋顶灰浆有脱落，保存基本完好。	I	I	I	I	I	A
	厨房	XS-B08	1932年	建筑格局、建筑功能、建筑形式、建筑结构保持原状，局部墙面、屋顶灰浆有脱落。保存完好。	I	I	I	I	I	A
	厕所	XS-B09	1932年	建筑形式、建筑结构保持原状，功能和格局改变较大，改建为游客使用的厕所。	II	III	II	II	I	C
	粮仓	XS-B10	1932年	建筑格局、建筑功能、建筑形式、建筑结构保持原状，保存基本完好。	I	I	I	I	I	A
	粮仓	XS-B11	1932年	建筑格局、建筑功能、建筑形式、建筑结构保持原状，保存基本完好。	I	I	I	I	I	A
	厢房	XS-B12	1932年	建筑格局、建筑功能、建筑形式、建筑结构保持原状，保存完好。	I	I	I	I	I	A
	堂屋	XS-B13	1932年	建筑格局、建筑功能、建筑形式、建筑结构保持原状，局部墙面、屋顶灰浆部分脱落，保存基本完好。	I	I	I	II	I	B
	办公室	XS-B14	1932年	局部墙面、屋顶灰浆有脱落，保存基本完好。	I	I	II	I	I	B
	厢房	XS-B15	1932年	建筑格局、建筑功能、建筑形式、建筑结构保持原状，局部墙面、屋顶灰浆部分脱落，保存基本完好。	I	I	I	II	I	B

文物本体		建筑编号	建造年代	状态陈述	真实性评估分项					评估结论
					建筑格局	建筑年代	建筑功能	建筑风貌	建筑结构	
西塞民居	厢房	XS-B16	1932年	建筑格局、建筑功能、建筑形式、建筑结构保持原状，局部墙面、屋顶灰浆有脱落，保存基本完好。	I	I	I	II	I	B
	堂屋	XS-B17	1932年	建筑格局、建筑功能、建筑形式、建筑结构保持原状，局部墙面、屋顶灰浆部分脱落，保存基本完好。	I	I	I	II	I	B
	办公室	XS-B18	1932年	建筑格局、建筑功能、建筑形式、建筑结构保持原状，局部墙面、屋顶灰浆有脱落，保存基本完好。	I	I	II	I	I	B
	粮仓	XS-B19	1932年	建筑格局、建筑功能、建筑形式、建筑结构保持原状，局部墙面、屋顶灰浆部分脱落，保存基本完好。	I	I	II	I	I	B
	陈列室	XS-B20	1932年	建筑格局、建筑形式、建筑结构保持原状，建筑功能部分改造，2003年修补屋脊、屋檐，更换残件。局部墙面、屋顶灰浆有脱落，现状保存完好。	I	I	II	I	I	B

4.西塞民居院落真实性评估

根据真实性的评价指标，设立院落真实性评估表，对每个院落进行编号和评估，具体见下表。

西塞民居院落真实性评估表

文物本体		建造年代	状态陈述	真实性评估分项				评估结论
				院落格局	院落年代	院落风貌	院落铺装	
西塞院落	XS-Y01	1932年	院落格局、院落功能、院落空间、院落铺装均保持原状，现状保存完好。	I	I	I	I	A
	XS-B02	1932年	院落格局、院落功能、院落空间、院落铺装均保持原状，现状保存完好。	I	I	I	I	A

文物本体		建造年代	状态陈述	真实性评估分项				评估结论
				院落格局	院落年代	院落风貌	院落铺装	
西塞院落	XS-B03	1932年	院落格局、院落功能、院落空间、院落铺装均保持原状，现状保存完好。	Ⅰ	Ⅰ	Ⅰ	Ⅰ	A
	XS-B04	1932年	院落格局、院落功能、院落空间、院落铺装均保持原状，现状保存完好。	Ⅰ	Ⅰ	Ⅰ	Ⅰ	A

（二）塞内民居完整性评估

依照文物的现状调查信息，对文物现状受到的干预程度和变化状况，对宝箴寨塞内民居的完整性进行评估。评估分为三个等级

完整性较好（A）；完整性一般（B）；完整性较差（C）。

对于塞内民居，文物完整性选取建筑结构，建筑墙体，建筑屋面，建筑地面，建筑装修五项指标进行评价，每项的评估标准分为Ⅰ、Ⅱ、Ⅲ三个等级。

1. 建筑结构：Ⅰ—完好；Ⅱ—≦Ⅱ级残损；Ⅲ—≧Ⅲ级残损。

2. 建筑墙体：Ⅰ—完好；Ⅱ—≦Ⅱ级残损；Ⅲ—≧Ⅲ级残损。

3. 建筑屋顶：Ⅰ—残损小于10%；Ⅱ—残损小于50%；Ⅲ—残损大于50%。

4. 建筑地面：Ⅰ—完好；Ⅱ—残损小于50%；Ⅲ—残损大于50%。

5. 建筑装修：Ⅰ—完好；Ⅱ—残损小于50%；Ⅲ—残损大于50%。

对于民居院落完整性选取历史格局，空间形态，院落铺装三项指标进行评价，每项的评估标准分为Ⅰ、Ⅱ、Ⅲ三个等级。

1. 历史格局：Ⅰ—历史格局；Ⅱ—部分格局改动；Ⅲ—完全改变。

2. 空间形态：Ⅰ—原有空间形态完好；Ⅱ—部分改变；Ⅲ—完全改变。

3. 院落铺装：Ⅰ—基本完好；Ⅱ—残损小于50%；Ⅲ—残损大于50%。

塞内民居包括东塞民居和西塞民居，分为建筑和院落，分别设立完整性评估表，进行评估。

1. 东塞民居建筑完整性评估

根据完整性的评价指标，设立建筑完整性评估表，对每栋房屋进行编号和评估，具体见下表。

东塞民居建筑完整性评估

文物本体		建筑编号	建造年代	状态陈述	完整性评估分项					评估结论
					建筑结构	建筑墙体	建筑屋顶	地面铺装	建筑装修	
东塞民居	戏楼（望楼）	DS-B01	2003年	戏楼是2003年全面重修的，现状保存完好。	I	I	I	I	I	A
	观戏楼	DS-B02	1911年	局部墙面、屋顶灰浆有脱落，其余保存完整。	I	II	I	II	II	C
	厢房	DS-B03	1911年	局部墙面有脱落，其余保存完整。	I	II	I	I	I	B
	厢房	DS-B04	1911年	局部墙面、屋顶灰浆有脱落，现状保存完整	I	II	II	I	I	B
	厢房	DS-B05	1911年	局部屋顶灰浆有脱落，现状保存完整。	I	I	II	I	I	B
	厢房	DS-B06	1911年	局部墙面、屋顶灰浆有脱落，现状保存完整。	I	II	II	I	I	B
	厨房	DS-B07	1911年	局部墙面破坏，现状保存基本完整。	I	II	I	I	I	B
	厢房	DS-B08	1911年	局部屋顶灰浆有脱落，现状保存完整。	I	I	II	I	I	B
	展览馆	DS-B09	1972年	建国后改建，现状保存基本完整。	I	I	I	I	I	A
	粮仓	DS-B10	1911年	局部屋顶灰浆有脱落，现状保存完整。	I	II	I	II	I	B
	厢房	DS-B11	1911年	局部屋顶灰浆有脱落，现状保存完整。	I	II	I	II	I	B
	过厅	DS-B12	1911年	局部屋顶灰浆有脱落，现状保存完整。	I	II	II	I	I	B

2. 东塞民居院落完整性评估

根据完整性的评价指标，设立院落完整性评估表，对每个院落进行编号和评估，具体见下表。

东塞民居院落完整性评估

文物本体		建造年代	状态陈述	完整性评估分项			
				历史格局	空间形式	院落铺装	评估结论
东塞院落	DS-Y01	1911 年	主体院落格局基本完整。功能、形式、铺装均保持较好。	I	I	II	B
	DS-Y02	1911 年	院落格局、空间形式发生改变，其余保持基本完整。	III	I	II	C
	DS-Y03	1911 年	院院落历史格局基本完整，功能、形式、铺装均保持较好。	I	I	II	B

3. 西塞民居建筑完整性评估

根据完整性的评价指标，设立建筑完整性评估表，对每栋房屋进行编号和评估，具体见下表。

西塞民居建筑完整性评估

文物本体		建筑编号	建造年代	状态陈述	完整性评估分项					评估结论
					建筑结构	建筑墙体	建筑屋顶	地面铺装	建筑装修	
西塞民居	厕所	XS-B01	1932 年	结构墙体地面轻度残损，现状保存基本完整。	II	II	I	I	I	B
	过厅	XS-B02	1932 年	现状保存基本完整。	I	I	II	I	I	A
	厢房	XS-B03	1932 年	结构墙体地面轻度残损，现状保存基本完整。	II	II	I	II	I	B
	厢房	XS-B04	1932 年	结构墙体地面轻度残损，现状保存基本完整。	II	II	I	II	I	B
	厢房	XS-B05	1932 年	局部屋顶灰浆有脱落，现状保存基本完整。	II	II	II	II	I	C
	厢房	XS-B06	1932 年	结构墙体地面轻度残损，现状保存基本完整。	II	II	I	II	I	B
	厨房	XS-B07	1932 年	结构墙体地面轻度残损，现状保存基本完整。	II	II	I	II	I	B
	厨房	XS-B08	1932 年	结构墙体地面轻度残损，现状保存基本完整。	II	I	I	II	I	B
	厕所	XS-B09	1932 年	门窗有毁坏，现状保存基本完整。	II	II	I	II	II	C

文物本体		建筑编号	建造年代	状态陈述	完整性评估分项					评估结论
					建筑结构	建筑墙体	建筑屋顶	地面铺装	建筑装修	
西塞民居	粮仓	XS-B10	1932年	结构墙体残损严重，现状保存基本完整。	II	II	I	II	I	B
	粮仓	XS-B11	1932年	结构轻度残损，现状保存基本完整。	II	I	I	II	I	B
	厢房	XS-B12	1932年	结构墙体地面轻度残损，现状保存基本完整。	II	II	I	II	I	B
	堂屋	XS-B13	1932年	墙体地面残损较严重，屋顶残损严重。	II	II	III	II	I	C
	办公室	XS-B14	1932年	结构墙体轻度残损，现状保存基本完整。	II	II	I	II	I	B
	厢房	XS-B15	1932年	结构墙体轻度残损，现状保存基本完整。	II	II	I	I	I	B
	厢房	XS-B16	1932年	结构墙体轻度残损，现状保存基本完整。	II	II	I	II	I	B
	堂屋	XS-B17	1932年	结构墙体轻度残损，现状保存基本完整。	II	II	I	II	I	B
	办公室	XS-B18	1932年	结构墙体轻度残损，现状保存基本完整。	II	II	I	II	I	B
	粮仓	XS-B19	1932年	门缺失、现状保存基本完整。	II	II	I	II	I	B
	陈列室	XS-B20	1932年	结构墙体地面轻度残损，现状保存基本完整。	I	I	I	I	I	B

4.西塞民居院落完整性评估

根据完整性的评价指标，设立院落完整性评估表，对每个院落进行编号和评估，具体见下表。

西塞民居院落完整性评估

文物本体		建造年代	状态陈述	完整性评估分项			
				历史格局	空间形式	院落铺装	评估结论
西塞院落	XS-Y01	1932年	院落格局基本完整，功能、形式均未发生改变，地面铺装损坏较多。	I	I	II	B
	XS-Y02	1932年	院落格局基本完整，功能、形式、铺装均未发生改变，部分滋生苔藓。	I	I	I	A
	XS-Y03	1932年	院落格局基本完整，功能、形式均未发生改变，地面铺装部分损坏，滋生苔藓。	I	I	II	B
	XS-Y04	1932年	院落格局基本完整，功能、形式均未发生改变，铺装滋生苔藓严重。	I	I	II	B

二、段家大院评估

依照文物的历史信息，对文物原状受到的干预程度和变化状况，对段家大院和周边民居的真实性进行评估。评估分为三个等级。

真实性较好：（A）；真实性一般：（B）；真实性较差；（C）。

对于段家大院文物真实性选取建筑历史格局，建筑年代，建筑功能，建筑风貌，建筑结构五项指标进行评价，每项的评估标准分为 I、II、III 三个等级。

1. 建筑格局：I—历史格局；II—部分格局改动；III—完全改变。

2. 建筑年代：I—清末民初；II—建国初期（20世纪70年代）；III—1980年以后。

3. 建筑功能：I—历史功能；II—历史功能废弃；III—功能改变或现代功能。

4. 建筑风貌：I—古老美观；II—新建协调；III—新建不协调。

5. 建筑结构：I—木结构或传统石结构；II—局部后改的木（砖石）结构；III—砖混或混凝土结构。

对于民居院落真实性选取院落格局，院落年代，院落风貌，院落铺装五项指标进行评价，每项的评估标准分为 I、II、III 三个等级。

1. 院落格局：I—历史格局；II—部分格局改动；III—完全改变。

2. 院落年代：I—清末民初；II—新中国成立初期（20世纪70年代）；III—1980年以后。

3. 院落风貌：I—古老美观；II—传统协调；III—新建协调。

4. 院落铺装：I—历史原状；II—部分修改；III—完全改变。

分别设立真实性评估表，进行评估。

（一）段家大院真实性评估

1.段家大院建筑真实性评估

根据真实性的评价指标，设立建筑真实性评估表，对每栋房屋进行编号和评估，具体见下表。

段家大院建筑真实性评估表

建筑编号	建筑名称	状态陈述	真实性评估分项					评估结论
			建筑格局	建筑年代	建筑功能	建造风貌	建筑结构	
DY-B00	碉楼	位于原址，建造在1947年左右，全部用条石砌成，外观保存状态良好，原来为防御性建筑，现为百姓住家。	I	I	II	I	I	A
DY-B01	段家老宅正厅	总体木结构仍在，但已经被多家占用，部分房间废弃，总体风貌尚在，但原装修被大量改造，大量不当添加物。	I	I	II	I	I	A
DY-B02	段家大院正厅右耳（西）	总体开间进深完整，大部分木结构和装修保留较好，大量后加添加物。	I	I	II	I	I	A
DY-B03	段家大院正厅右耳	总体木结构大部分尚在，开间进深完整，大量后续添加物。	I	I	II	I	II	B
DY-B04	段家大院右厢	总体开间进深较完整，大部分木结构和装修保留较好，大量后加添加物。	I	I	II	I	II	B
DY-B05	新建民居	二层砖混结构，水泥表面，位于段家大院下西南角。	III	II	III	III	III	C
DY-B06	段家大院正厅左耳（东）	总体木结构大部分尚在，开间进深完整，大量后续添加物。	I	I	II	I	II	B
DY-B07	段家大院左厢	总体开间进深较完整，木结构和装修保留较好，大量后加添加物。	I	I	II	I	I	A
DY-B08	新建民居	二层砖混结构，外贴白色和蓝色瓷砖，位于段家大院东南角。	III	III	III	III	III	C
DY-B09	传统民居	单层石房，双坡屋顶，风貌传统。	II	II	I	I	I	B
DY-B10	传统民居	木结构体系尚在，各开间内存在大量改建。	I	I	II	I	II	B
DY-B11	传统民居	木结构体系尚在，局部改成石砌房屋。	I	I	II	I	II	B

续　表

建筑编号	建筑名称	状态陈述	真实性评估分项					评估结论
			建筑格局	建筑年代	建筑功能	建造风貌	建筑结构	
DY-B12	传统民居	木结构体系尚在，局部改成石砌房屋。	I	I	II	I	II	B
DY-B13	新建民居	二层砖房，砖混结构，水泥砂浆表面。	III	II	III	III	III	C
DY-B14	传统民居	木结构体系尚在，局部改成石砌房屋。	I	I	II	I	II	B
DY-B15	传统民居	木结构体系尚在，局部改成石砌房屋。	I	I	II	I	II	B
DY-B16	传统民居	石构房屋，建国初期改建。	II	II	II	I	I	C
DY-B17	传统民居	石构小屋，建国初期加建。	II	II	II	I	I	C
DY-B18	传统民居	残毁殆尽，仅余木构框架和残破屋顶。	I	I	II	I	I	A
DY-B19	传统民居	石构房屋，建国初期改建。	II	II	II	II	I	C
DY-B20	传统民居	木结构体系尚在，局部改成石砌房屋。	II	II	II	II	II	B
DY-B21	新建民居	二层砖房，砖混结构，水泥砂浆表面。	III	II	III	III	III	C
DY-B22	传统民居	石构房屋，格局尚好，屋顶残破。	II	I	II	I	I	B
DY-B23	传统民居	石构房屋，建国初期在原址上新建。	II	II	II	II	I	C
DY-B24	新建民居	二层砖房，砖混结构，水泥砂浆表面。	III	II	III	III	III	C
DY-B25	新建民居	单层砖房，砖木结构，新建。	III	II	III	II	II	C
DY-B26	新建民居	新建二层砖混结构住宅。	III	III	III	III	III	C
DY-B27	新建民居	新建二层砖混结构，局部外贴白色和蓝色瓷砖。	III	III	III	III	III	C
DY-B28	新建民居	新建单层砖房。	III	II	III	II	II	C
DY-B29	新建民居	新建砖木结构，单层房屋。	III	II	III	II	II	C
DY-B30	传统民居	石构单层建筑，建国初期加建。	III	II	II	II	I	C
DY-B31	新建民居	三层砖房，砖混结构，外贴面砖。	III	III	III	III	III	C
DY-B32	新建民居	二层砖房，砖混结构，水泥砂浆表面。	III	III	III	III	III	C
DY-B33	新建民居	二层砖房，砖混结构，水泥砂浆表面。	III	III	III	III	III	C
DY-B34	新建民居	新建二层砖混结构住宅。	III	III	III	III	III	C
DY-B35	新建民居	新建二层砖混结构住宅。	III	III	III	III	III	C
DY-B36	新建民居	二层砖房，砖混结构，水泥砂浆表面。	III	III	III	III	III	C
DY-B37	新建民居	二层砖房，砖混结构，水泥砂浆表面。	III	III	III	III	III	C

续　表

建筑编号	建筑名称	状态陈述	真实性评估分项					评估结论
			建筑格局	建筑年代	建筑功能	建造风貌	建筑结构	
DY-B38	新建民居	二层砖房，砖混结构，水泥砂浆表面。	III	III	III	III	III	C
DY-B39	新建民居	二层砖房，砖混结构，水泥砂浆表面。	III	III	III	III	III	C
DY-B40	新建民居	二层砖房，砖混结构，水泥砂浆表面。	III	III	III	III	III	C

2. 段家大院院落真实性评估

根据真实性的评价指标，设立院落真实性评估表，对每个院落进行编号和评估，具体见下表。

段家大院院落真实性评估表

文物本体		建造年代	状态陈述	真实性评估分项				评估结论
				历史格局	院落年代	院落风貌	院落铺装	
段家大院院落	DY-Y01	1911年	历史格局完整，大石条铺地，功能形式均未发生改变，地面铺装部分损坏。	I	I	I	II	A
	DY-Y02	1911年	历史格局完整，夯土地面，部分滋生苔藓。	I	I	I	III	A
	DY-Y03	新中国成立初期	历史格局破坏，功能、形式发生改变。地面铺装损坏，滋生苔藓。	II	II	II	III	B
	DY-Y04	新中国成立初期	历史格局破坏，功能、形式发生改变。地面铺装损坏，滋生苔藓。	II	II	II	III	B
	DY-Y05	新中国成立初期	历史格局完整，院子中新盖楼房，院子改造一新。	I	III	III	II	C
	DY-Y06	1911年	历史格局完整，大石条铺地，功能形式均未发生改变，地面铺装部分损坏。	I	I	I	II	A

（二）段家大院完整性评估

依照现状调查信息，对文物建筑现状受到的干预程度和变化状况，对段家大院及其周边民居的完整性进行评估。评估分为三个等级：

完整性较好（A）；完整性一般（B）；完整性较差（C）。

文物建筑完整性选取建筑结构，建筑墙体，建筑屋面，建筑地面，建筑装修五项指标进行评价，每项的评估标准分为Ⅰ、Ⅱ、Ⅲ三个等级。

1. 建筑结构：Ⅰ—完好；Ⅱ—≦Ⅱ级残损；Ⅲ—≧Ⅲ级残损。

2. 建筑墙体：Ⅰ—完好；Ⅱ—≦Ⅱ级残损；Ⅲ—≧Ⅲ级残损。

3. 建筑屋顶：Ⅰ—残损小于10%；Ⅱ—残损小于50%；Ⅲ—残损大于50%。

4. 建筑地面：Ⅰ—完好；Ⅱ—残损小于50%；Ⅲ—残损大于50%。

5. 建筑装修：Ⅰ—完好；Ⅱ—残损小于50%；Ⅲ—残损大于50%。

院落完整性选取历史格局，空间形态，院落铺装三项指标进行评价，每项的评估标准分为Ⅰ、Ⅱ、Ⅲ三个等级。

1. 历史格局：Ⅰ—历史格局；Ⅱ—部分格局改动；Ⅲ—完全改变。

2. 空间形态：Ⅰ—原有空间形态完好；Ⅱ—部分改变；Ⅲ—完全改变。

3. 院落铺装：Ⅰ—基本完好；Ⅱ—残损小于50%；Ⅲ—残损大于50%。

1. 段家大院建筑完整性评估

根据完整性的评价指标，设立建筑完整性评估表，对每栋房屋进行编号和评估，

段家大院地面残损评估图

具体见下表。

段家大院建筑完整性评估表

建筑编号	建筑名称	状态陈述	完整性评估分项					评估结论
			建筑结构	建筑墙体	建筑屋顶	地面铺装	建筑装修	
DY-B00	碉楼	整体外观尚好，四层楼板毁坏。	I	I	II	II	II	B
DY-B01	段家老宅正厅	总体木结构仍在，糟朽严重，屋顶部分漏雨，原装修被大量改造，大量不当添加物。	II	III	I	II	III	C
DY-B02	段家大院正厅右耳（西）	木结构糟朽严重，装修损坏更改严重，大量后加添加物。	II	II	I	III	II	C
DY-B03	段家大院正厅右耳	木结构糟朽严重，墙体破损，大量后续添加物。	III	II	I	II	II	B
DY-B04	段家大院右厢	木结构糟朽严重，装修损坏更改严重，大量后加添加物。	II	II	I	III	II	C
DY-B05	新建民居	砖混二层，整体较好。	I	I	I	II	I	A
DY-B06	段家大院正厅左耳（东）	木结构糟朽严重，装修损坏更改严重，大量后加添加物。	II	II	II	II	II	C
DY-B07	段家大院左厢	木结构较完整，糟朽严重，墙体破损，大量后续添加物。	III	II	I	II	II	B
DY-B08	新建民居	二层砖混建筑，外贴白色和蓝色瓷砖，整体健康状况较好。	I	I	I	I	I	A
DY-B09	传统民居	屋顶破损，条石墙面不全。	II	II	III	II	—	C
DY-B10	传统民居	墙面大量改造，原木装修破损严重。	II	III	I	III	II	C
DY-B11	传统民居	木结构糟朽严重，屋面破损严重。	III	III	III	II	II	C
DY-B12	传统民居	木结构糟朽严重，墙面部分改为石砌，大量不当添加物。	II	III	I	III	III	C
DY-B13	新建民居	二层砖混结构砖房，整体较好。	I	I	I	I	II	A
DY-B14	传统民居	木结构糟朽，墙面改成石砌，屋面局部严重破损。	II	III	III	III	III	C
DY-B15	传统民居	木结构糟朽，墙面改成石砌。	II	III	I	II	III	C
DY-B16	传统民居	石构房屋，墙面条石破损，屋面破损。	II	II	II	I	I	C
DY-B17	传统民居	石构小屋，墙面部分破损。	I	II	I	II	—	B

续 表

建筑编号	建筑名称	状态陈述	完整性评估分项					评估结论
			建筑结构	建筑墙体	建筑屋顶	地面铺装	建筑装修	
DY-B18	传统民居	残毁殆尽，仅余木构框架和残破屋顶。	III	III	III	III	III	C
DY-B19	传统民居	石构房屋，双坡瓦顶，整体保存较好。	I	II	II	II	I	C
DY-B20	传统民居	木结构体系尚在，局部改成石砌房屋。	II	I	II	I	II	B
DY-B21	新建民居	二层砖混结构砖房，整体较好。	I	I	I	I	I	A
DY-B22	传统民居	石构房屋，整体保存较好。	II	I	I	II	II	B
DY-B23	传统民居	石构房屋，局部屋顶残破，墙面残破。	I	II	III	II	I	C
DY-B24	新建民居	二层砖混结构砖房，整体较好。	I	I	I	II	I	A
DY-B25	新建民居	新建单层砖房，砖木结构，整体情况较好。	II	I	II	I	I	B
DY-B26	新建民居	二层砖混结构砖房，整体较好。	I	I	I	I	I	A
DY-B27	新建民居	二层砖混结构砖房，外贴面砖，整体较好。	I	I	I	I	I	A
DY-B28	新建民居	单层砖房，屋顶墙面局部残破。	I	II	II	II	I	B
DY-B29	新建民居	单层砖木结构房屋，整体较好，局部墙面残破。	I	II	II	I	I	B
DY-B30	传统民居	石构房屋，局部屋顶残破，墙面残破。	I	II	II	II	I	B
DY-B31	新建民居	二层砖混结构砖房，外贴面砖，整体健康状况较好。	I	I	I	I	I	A
DY-B32	新建民居	二层砖混结构砖房，水泥砂浆表面，整体状况较好。	I	I	I	I	I	A
DY-B33	新建民居	二层砖混结构砖房，水泥砂浆表面，整体状况较好。	I	I	I	I	I	A
DY-B34	新建民居	二层砖混结构砖房，水泥砂浆表面，整体状况较好。	I	I	I	I	I	A
DY-B35	新建民居	二层砖混结构砖房，整体状况较好。	I	I	I	I	I	A
DY-B36	新建民居	二层砖混结构砖房，整体状况较好。	I	I	I	I	I	A
DY-B37	新建民居	二层砖混结构砖房，整体状况较好。	I	I	I	I	I	A
DY-B38	新建民居	二层砖混结构砖房，整体状况较好。	I	I	I	I	I	A
DY-B39	新建民居	二层砖混结构砖房，整体状况较好。	I	I	I	I	I	A
DY-B40	新建民居	二层砖混结构砖房，整体状况较好。	I	I	I	I	I	A

东塞长方形垛口

2. 段家大院院落完整性评估

根据完整性的评价指标，设立院落完整性评估表，对每个院落进行编号和评估，具体见下表。

段家大院院落完整性评估表

文物本体		建造年代	状态陈述	完整性评估分项			
				历史格局	空间形式	院落铺装	评估结论
段家大院院落	DY-Y01	1911 年	格局完整，大石条铺地，地面石条部分风化，地面不平。	I	I	II	B
	DY-Y02	1911 年	格局完整，原石条地面毁坏，现为夯土地面，周边水沟完整。	II	I	III	C
	DY-Y03	新中国成立初年	格局破坏，空间不完整，局部可见原水沟，地面铺装损毁。	III	II	III	C
	DY-Y04	新中国成立初年	格局破坏，空间不完整，局部可见原水沟，地面铺装损毁，堆放垃圾。	III	II	III	C

文物本体		建造年代	状态陈述	完整性评估分项			
				历史格局	空间形式	院落铺装	评估结论
DY-Y05		新中国成立初年	格局完整，院子改造一新。	II	I	III	C
DY-Y06		1911年	历史格局完整，石条铺地，地面石条部分风化，地面不平，苔藓滋生严重。	II	II	II	B

（三）城防体系评估

1. 城防体系真实性评估

城防体系包括东塞城防体系和西塞城防体系，分别设立真实性评估表，进行评估。评估结论分三个等级：

真实性较好：（A）；真实性一般：（B）；真实性较差：（C）。

根据城防体系的相关历史，选取城墙年代、地面、垛口、回廊等四方面重要因素，进行信息真实性评价：

城墙年代：I—建于1911或1932年；II—建国初期；III—2003年重修。

地面：I—原始地面；II—部分原始地面；III—改造地面。

垛口：I—类型多，原状保留；II—少量改造；III—人为改造，后期干预较多。

回廊：I—结构材料原状保留；II—结构后期改造，材料为原物保留；III—结构和材料均后期改造或重建。

东塞城防体系真实性评估表

文物本体		城墙编号	建造年代	状态陈述	真实性评估分项				评估结论
					城墙年代	地面	垛口	回廊	
东塞城墙	东塞城墙A	DSW-A	1911年	建地面部分改造，回廊局部后期改造，其余大部分均保持原状，现状保存完好。	I	II	I	III	B
	东塞城墙B	DSW-B	1911年	地面部分改造，回廊整体高度降下，其余大部分现状保存完好。	I	II	II	III	C

续　表

文物本体	城墙编号	建造年代	状态陈述	真实性评估分项				评估结论
				城墙年代	地面	垛口	回廊	
东塞城墙	东塞城墙C	DSW-C	1911年	地面部分改造，回廊局部后期改造，其余大部分均保持原状，现状保存完好。	I	II	I	III	B
	东塞城墙D	DSW-D	1911年	地面部分改造，回廊局部后期改造，其余大部分均保持原状，现状保存完好。	I	II	I	III	B
	东塞城墙E	DSW-E	1911年	城墙的功能和形式均发生改变，其余保持原状。现状保存一般。	I	—	I	—	A

西塞城防体系真实性评估表

文物本体	城墙编号	建造年代	状态陈述	真实性评估分项				评估结论
				城墙年代	地面	垛口	回廊	
西塞城墙	西塞城墙F	XSW-F	1932年	地面部分改造，垛口局部后期改造，其余大部均保持原状，现状保存完好。	I	II	III	I	C
	西塞城墙G	XSW-G	1932年	地面改造，垛口后期改造，其余大部分均保持原状，现状保存完好。	I	II	II	I	B
	西塞城墙H	XSW-H	1932年	地面改造，垛口后期改造，其余大部分均保持原状，现状保存完好。	I	II	I	II	B
	西塞城墙K	XSW-K	1932年	原状信息保存多，总体尚好。	I	I	I	I	A

2.城防体系完整性评估

城防体系包括东塞城防体系和西塞城防体系，分别设立完整性评估表，进行评估。评估结论分三个等级：

完整性较好：（A）；完整性一般：（B）；完整性较差：（C）。

根据城防体系的相关历史，选取城墙、地面、垛口、回廊等四方面重要因素，进行信息完整性评价：

城墙：Ⅰ—墙基、墙身和女墙基本完整；Ⅱ—构件部分缺失、局部风化；Ⅲ—墙基风化严重。

地面：Ⅰ—原地面保留完整；Ⅱ—原地面表层破损；Ⅲ—水泥修补地面。

垛口：Ⅰ—基本保留完整；Ⅱ—垛口内部分构件缺失；Ⅲ—部分垛口损坏严重。

回廊：Ⅰ—结构完整，少量残损；Ⅱ—结构基本完整，木构和屋顶残破；Ⅲ—结构
不完整。

东塞城防体系完整性评估表

文物本体	城墙编号	建造年代	状态陈述	完整性评估分项				评估结论
				城墙墙体	通道	木廊	垛口	
东塞城墙	东塞城墙 A	DSW-A	1911 年	木保存基本完整，木廊有少许缺失，地面残破。	Ⅰ	Ⅱ	Ⅱ	Ⅰ	B
	东塞城墙 B	DSW-B	1911 年	保存基本完整，木廊为建国初期改造。	Ⅰ	Ⅱ	Ⅰ	Ⅰ	B
	东塞城墙 C	DSW-C	1911 年	射击口上方条石有残缺，其余保存基本完整。	Ⅱ	Ⅱ	Ⅱ	Ⅱ	C
	东塞城墙 D	DSW-D	1911 年	保存基本完整，地面残破。	Ⅱ	Ⅱ	Ⅱ	Ⅰ	B
	东塞城墙 E	DSW-E	1911 年	保存基本完整。	Ⅰ	—	—	Ⅰ	A

西塞城防体系完整性评估表

文物本体	城墙编号	建造年代	状态陈述	完整性评估分项				评估结论
				城墙墙体	通道	木廊	垛口	
西塞城墙	西塞城墙 F	XSW-F	1932 年	木保存基本完整，木廊有少许缺失，地面残破。	Ⅰ	Ⅱ	Ⅱ	Ⅰ	B
	西塞城墙 G	XSW-G	1932 年	保存基本完整，木廊有少许缺失，地面残破。	Ⅰ	Ⅱ	Ⅱ	Ⅰ	B
	西塞城墙 H	XSW-H	1932 年	射击口上方条石有残缺，地面残破严重，其余保存基本完整。	Ⅱ	Ⅲ	Ⅱ	Ⅱ	C
	西塞城墙 K	XSW-K	1932 年	地面保存基本完整，墙基风化严重。	Ⅲ	Ⅰ	Ⅱ	Ⅰ	C

（四）附属文物评估

宝箴寨内外包括附属文物包括消防水缸、水井、消防水池、和碑刻等，根据附属文物的情况，设立真实性和完整性的总体评价表，分为 A、B、C 三个等级。真实性的评价从文物的年代、功能、形态、材料、是否原址等几个方面评价，根据历史信息和原状真实性分为Ⅰ、Ⅱ、Ⅲ三个等级。完整性通过现状调查进行评价。

真实性较好：（A）；真实性一般：（B）；真实性较差：（C）。

完整性较好：（A）；完整性一般：（B）；完整性较差：（C）。

附属文物真实性评估表

文物本体		建造年代	状态陈述	真实性评估分项					评估结论
				年代	使用功能	形态	材料	是否原址	
附属文物	消防水缸	1911年~1932年	总共七口，建造年代、使用功能、形态材料均未发生变化，是在原址。	Ⅰ	Ⅰ	Ⅰ	Ⅰ	Ⅰ	A
	水井	1911年	位于东塞大院院坝内的原址上，井深3米，井口为圆形，径0.7米。建造年代、使用功能、形态、建造材料均未发生变化。	Ⅰ	Ⅰ	Ⅰ	Ⅰ	Ⅰ	A
	消防池	1911年	建于清代，位于东塞后院坝。建造年代、使用功能、形态、建造材料均未发生变化，保存完好。	Ⅰ	Ⅰ	Ⅰ	Ⅰ	Ⅰ	A
	《宝箴寨》石碑	1932年	于1936年，位于宝箴寨西塞客厅正壁中央。建造年代、使用功能、形态、建造材料均未发生变化，保存完好。	Ⅰ	Ⅰ	Ⅰ	Ⅰ	Ⅱ	A

附属文物完整性评估表

文物本体		建造年代	状态陈述	完整性评估
附属文物	消防水缸	1911年	总体形状尚在，部分水缸边角缺失，残损风化严重，水缸布满苔藓。	B
	水井	1911年	外观良好，局部残损风化。	A
	消防池、	1911年	总体形状尚在，局部残损风化严重，布满苔藓。	B
	《宝箴寨》石碑	1932年	总体尚好，碑体局部细小开裂，轻微残损。	A

第二章　环境评估

第一节　用地性质

公布为全国重点保护单位的宝箴塞位于方家沟村，区域内为浅丘陵地带，沟壑纵横，大小良田分布其中，是典型的乡村农耕田分布区域。

宝箴塞和段家大院四周基本为农田和自然山坡，小块的建设用地主要集中在段家大院和远近各处的山坡地方，每块建设地也以农民自住宅为主，除了段家大院集中分布有约40栋房屋外，其余以单栋分散和四五栋集中分布为主，整个宝箴塞周围的用地性质基本仍是农耕地和自然山坡。

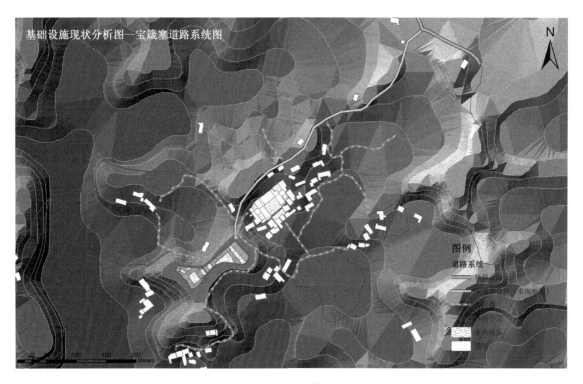

道路系统现状图

目前为贯彻国家新农村建设要求，武胜县政府着力抓紧进行了新农村的规划建设工作，宝箴寨所在生产队是新农村建设的试点之一，用地性质的调整将明确对耕地的保护和对农村人口的合理安置。

通过历史调查可知，宝箴寨周围目前基本保存了原有的历史环境特征，并且通过价值评估可知，农耕环境是宝箴寨重要的历史景观要素之一，也是宝箴寨重要的历史环境特征，具有重要的历史价值和景观价值。

总体而言，宝箴寨所在区域的用地性质较单纯，符合承载文物保护单位的历史价值需要，在县里即将展开的新农村规划建设中亦强调对原有耕地的保护和农村人口的合理安置，文物保护规划将从保护文物历史环境的角度对用地性质的调整进一步明确要求，配合武胜县新农村规划建设的相关要求。

第二节　道路系统

宝箴寨和段家大院历史上都只有乡村小路到达，主要出入口在段家大院南端，即历史上的三道朝门出入，出大门后有宽约 2 米的石板路折向东，翻越一个小山丘后到达大路岔口，即现在水渠所在位置，再向北通往百善镇。另外，在段家大院后的西侧断坎下（即现在段家大院和宝箴寨之间的一段公路下面），原有一座拱形门洞，有人看守，出门洞有小路往北通往百善镇。历史上段家大院和宝箴寨用围墙联成一体，必须从段家大院内往西穿过大院才能进入宝箴寨入口前台阶，没有外部的路可以直接进入宝箴寨内。

新中国成立后，拆除围墙，宝箴寨和段家大院周围逐渐增加了许多乡村小道，但是主要出入道路仍然是段家大院南端的原石板小路。

2003 年，为配合宝箴寨维修和进一步的旅游开发，武胜县利用原有机耕路铺设了水泥道路直通宝箴寨下，成为目前进入宝箴寨的唯一交通路线。道路从宝箴寨场镇过来，从段家大院后山坎上方穿过，直抵宝箴寨城墙下。

从历史环境上看，进入保护单位区域的这段道路虽然方便了游客进入塞内参观，但却破坏了宝箴寨和段家大院原有的整体格局，不利于段家大院和宝箴寨整体历史环境的保护，同时在展示利用方面，容易让游客只重视宝箴寨的特色，而忽视段家大院的历史价值，以及二者之间历史上的整体依存关系。

第三节 基础设施

一、电力系统

宝箴寨所在的方家沟乡的电力、通信线路全部采用地面架设，在田间屋前架设水泥电杆，间距约 30 米，由于大部分是住宅照明用电，线路简单，存在一定的景观影响。

宝箴寨内的电力从段家大院引来，从东塞东南角的墩台处引入，沿着城墙通道引入各个房间，由于墩台回廊高度较低，电线直接引入回廊内，游客触手可及，存在严重的安全隐患。由于年久失修，电力线路直接在宝箴寨和段家大院的木楼板上穿引，容易引起火灾。

塞外的电线杆采用白色水泥杆，视觉景观上与水田农舍的风貌存在一定冲突。由于居民自行建房，线路布置缺乏统一规划，也影响到历史区域的风貌景观。

二、给排水系统

宝箴寨及其周边民居从历史至今一直仍主要依靠井水作为生活用水，村民一直从村内外水井中取水，生活污水采取自然排放的方式。无任何现代排水系统设施。在目前保存的段家大院遗存中，用石条铺砌的主院落地面完整，整体向南倾斜，在南侧栏杆下有石质排水口，雨天至今排水通畅。

宝箴寨内历史上依靠院内几口水缸和水井作为生活和消防用水，现在从场镇有一条专门的给水管线到塞内，但无法满足管理上的需要。宝箴寨内各天井院落的排水设施简单但仍十分完善，下雨天几乎不存积水，经调查，每个院落地面都有排水口直接开口在外墙上，地面找坡，坡向排水口。

由于年久失修，部分院落的地面磨损风化，条石松动，甚至个别排水口堵塞，导致地面苔藓滋生。另外由于人为不当改造，东塞尽端的院落成一窄条形，雨水排向距离过长，加之地面不平，局部积存雨水，滋生苔藓严重。

三、安防系统

宝箴寨内目前配备了简易的消防灭火器，但是由于塞内全部都是木构建筑，没有任何避雷措施，火灾隐患较大，同时随着对外开放，游客进入，单纯依靠管理难以保证文物安全。段家大院没有纳入文物部门管理，居民生活其中，生火做饭，文物建筑的安全存在严重的隐患。

四、景观环境

宝箴寨位于高出周围村舍的一座山丘之上，一方面便于守卫及时发现敌情，有效保卫塞下的段家宅院和周边良田，同时雄踞山顶、高大威严的塞堡在外观上也对敌人形成震慑作用。时过境迁，宝箴寨山体周边植被丛生，城墙外生长出许多树木，遮挡了宝箴寨向外望去的良好视野，同时宝箴寨高大威严的外观也掩藏在树木当中，宝箴寨寨墙上防御射口的对外控制视角遮挡严重，不利于宝箴寨文物价值的展示。同时也遮挡了宝箴寨良好的景观。

段家宅院位于宝箴寨山坡下，历史上是一套规划整齐的地主宅院，新中国成立后由于历史原因，完整的段家宅院被逐渐损毁，仅剩下主院周围的一组建筑群，且破损严重。在段家宅院周围新建了大量现代民宅，民居布局随意，数量较多，严重破坏了段家宅院原有的历史环境。由于大量新建房屋，段家大院原有的完整的建筑景观受到了严重破坏。

环绕宝箴寨和段家大院是大片的良田和自然山林，历史上属于段氏家族的私有田产，少有村舍。新中国成立后由于人口繁衍，目前宝箴寨周边田林范围内新建了许多现代民宅，三三两两散落分布在宝箴寨周围，许多建筑是现代化的二层小楼，破坏了宝箴寨原有的整体历史环境。

第三章　危害因素分析

综上所述，宝箴寨文物本体和历史环境的主要危害影响为以下两个方面：自然影响因素和人为破坏因素，每方面又可分出若干具体的破坏因素，列表如下：

综合影响因素分析表

影响因素		寨内民居	城防体系	段家大院	附属文物
自然老化因素	木结构糟朽	■	■	■	—
	风化剥落	▬	■	■	■
	基础残损	▬	■	▬	—
	屋面破损	▬	■	■	—
	装饰件磨损	■	▬	■	—
	植被根系破坏	▬	■	■	▬
	苔藓滋生	■	▬	■	■
	雨水	■	▬	■	▬
人为建设因素	新建道路	—	▬	■	—
	用地性质改变	—	—	■	▬
	使用功能改变	—	—	■	■
	基础设施不完善	■	▬	■	▬
	人为改造、拆除破坏	■	■	■	—
	废弃、闲置	▬	—	■	■
	不协调建设	▬	▬	■	—
	不当的保护措施	■	■	■	▬
	游览活动	▬	■	■	—

注：■：影响因素大者；■：影响因素较大者；▬：影响因素较小者；—：无影响；？：不可知

第四章　管理评估

第一节　以往文物管理工作概述

全国重点文物保护单位宝箴塞由宝箴塞文物管理处负责日常管理。宝箴塞各项保护工作由武胜县文体局直接负责。整理以往宝箴塞文物保护和管理相关工作如下：

1. 1999年5月18～22日，广安市进行重点文物复查工作。市文管所副研究员刘敏，武胜县委宣传部部长童光辉，武胜县人民政府副县长陈天宁，县文体局局长高志坚等相关人员，到宝箴塞考察，并进行了测绘，照相及文字记录工作。

2. 1999年5月23日，致函四川省文物局，邀请专家组到宝箴塞考察。

3. 1999年7月3日～8日，广安市文体局刘敏编撰《武胜宝箴塞调查资料辑》，就宝箴塞的分布状况，价值特色进行了概述。

4. 1999年7月12日～13日，四川省文物专家组一行5人，在省文物局副局长马家喻的率领下，专程前往宝箴塞考察。专家组认为，宝箴塞具有较高的历史、艺术、科学价值，是民国时期四川地区防御功能性民居的标志性建筑，为"国内罕见，蜀中第一塞"。

5. 1999年8月6日，四川省旅游专家组一行8人到宝箴塞考察，并将其列入广安市重点旅游资源纳入《广安市旅游资源总体规划》。

6. 1999年8月27日，市文体局向市政府推荐宝箴塞为第一批市级文物保护单位。

7. 2000年2月24日，广安市人民政府公布宝箴塞为第一批市级文物保护单位。

8. 2001年4月3日～8日，广安市文管所、武胜县国土局测绘队，组织对宝箴塞进行测绘。

9. 2001年7月9日～10日，国家文物局古建专家罗哲文，中国文物研究所杨朝权、黄彬，日本学者米村登子到宝箴塞考察。

10. 2001 年 10 月 27 日，广安市、武胜县文物部门推荐宝箴寨为第六批省级文物保护单位。

11. 2002 年 2 月 5 日，武胜县人民政府公布宝箴寨为第四批县级文物保护单位。

12. 2002 年 4 月 3 日，武胜县人民政府公布宝箴寨的保护范围。

13. 2002 年 12 月 27 日，四川省人民政府公布宝箴寨为第六批省级文物保护单位。

14. 2003 年元月，武胜县政府将粮站迁移出宝箴寨，产权归武胜县文物主管部门；

15. 2003 年 3 月 19 日，广安市委副书记李成轩率市文体局局长马福、文物干部刘敏前往武胜，与县委领导研究宝箴寨的保护问题。

16. 2003 年 4 月 19 日，宝箴寨遭暴风雨袭击，屋脊及屋檐小青瓦被严重损毁。

17. 2003 年 4 月 24 日，广安市文管所组织制定抢险排危方案。

18. 2003 年 5 月 15 日，四川省文物局专家组朱晓南、张忠荣等前往宝箴寨考察危房现状，并组织对抢险方案的评审，通过实施方案。

19. 2003 年 5 月～8 月，对宝箴寨进行抢险排危工程。内容包括脊作、檐作、更换残件、恢复门窗及墙，复原戏楼。

20. 2003 年 8 月 2 日，邀请四川省博陈列展览部李江、赵映蓉等到宝箴寨考察，拟制定《宝箴寨文物陈列布展方案》。

21. 2003 年 8 月 25 日，四川省文物局党组书记王琼率省古建专家组一行对维修工程进行验收，被评为"优质工程"。

22. 2003 年 10 月 16 日，四川省文物局副局长、省博物馆馆长焦入川，到宝箴寨考察。

23. 2003 年 10 月 25 日，国家文物局专家组组长罗哲文到宝箴寨验收文物维修工程。中国文物研究所黄斌及韩国专家朴金子等同行。

24. 2003 年 11 月 26 日，四川省文物局下达专项维修经费 10 万元，广安市文体局下达专项维修经费 8 万元。

25. 2003 年 12 月，省博物馆编制的《宝箴寨文物陈列布展方案》通过评审。

26. 2003 年 12 月，中国文物学会会长罗哲文为宝箴寨题字，内容为"国内罕见，蜀中一绝之军防要塞式住宅宝箴寨"。

27. 2004 年 3 月，利用宝箴寨东塞粮仓布置文物陈列室装修，耗资 15.5 万元。

28. 2006 年，公布为全国重点文物保护单位。

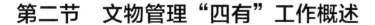

第二节　文物管理"四有"工作概述

一、保护区划

广安市人民政府 2000 年 7 月 10 日广安府发（2000）122 号文件《关于公布第一批市级文物保护单位范围的通知》公布：

保护范围：以宝箴寨建筑为中心，四周外延 200 米（即 40000 平方米）为重点保护范围。

建设控制地带：重点保护范围的基础上再外延 300 米为建设控制地带（即 250000 平方米，375 亩）。

二、标志说明

保护标志碑：青石、正书、阴刻。字径："四川省文物保护单位……四川省人民政府公布"，字径为 8 厘米；"宝箴寨"三个字字径为 10 厘米；"2002 年 12 月 27 日公布""武胜县人民政府立"字径为 6 厘米。碑宽 150 厘米、高 100 厘米、厚 20 厘米。两块，一块立于进寨路口醒目处，一块立于距宝箴寨 1000 米处的入寨公路交叉口。

说明碑：青石、正书、阴刻。内容为宝箴寨的概况简介，800 余字，字径 3 厘米，碑制与保护标志相同无异，两块，其中一块为英文版。两说明碑统一安置在入寨路口处。

界桩：青石质、长方体、边长 20 厘米、高 60 厘米，共设立 40 个，右行"文物界桩"4 字，每方 1 字，径 10 厘米，真书，阴刻，立于建设控制地带交界处。

三、记录档案

宝箴寨基本建立了符合国家文物保护要求的记录档案，包括相关文件、图纸、历史照片等内容，但其中历史资料的收集整理尚显不足。现"四有"档案保存在县文管所档案室内。较为重要的相关事件包括，2003 年，宝箴寨进行房屋全面排危和更换残损构件、翻盖屋面、脊作、复原戏楼（二楼一底木构）的局部复原工程；同年底，省博物馆陈列展览部对宝箴寨进行陈列、复原布展工作。

四、管理机构

宝箴寨文物管理工作由广安武胜县文体局全面负责。

武胜县文体局为副科级建制，全额事业单位，负责全县文物管理工作，负责人秦明林。武胜县文物保护管理所主要管辖全国重点文物保护单位宝箴寨的保护管理工作，兼管辖区内其他省、市、县级重点文物保护单位。为方便宝箴寨的日常管理，武胜县编委武机编发（2004）年01号文件通知，设立武胜县宝箴寨文物管理保护所，编制3人，行政上隶属于武胜县文物保护管理所，负责宝箴寨日常管理工作。

第三节　管理措施现状概述

一、保护级别公布

2000年，广安市人民政府公布为第一批市级文物保护单位。

2002年初，武胜县人民政府公布为第四批县级文物保护单位。

2002年底，四川省人民政府公布为第六批省级文物保护单位。

2006年，公布为全国重点文物保护单位。

二、政府管理文件

1999年列入广安市重点旅游资源纳入《广安市旅游资源总体规划》。

2001年4月，市文体局编辑制定了《宝箴寨保护利用规划》，就保护利用纳入规划管理。

2002年4月武胜县人民政府公布宝箴寨的保护范围。

2003年4月，市文体局编制了《宝箴寨抢险排危维修方案》。

三、资金投入状况

宝篚寨保护经费主要来自地方财政拨款以及省市文管部门专项维修经费。

2003年11月26日，四川省文物局下达专项维修经费10万元，市文体局下达专项维修经费8万元。

2004年，宝篚寨文物陈列室装修，耗资15.5万元。

四、管理规章制度

武胜县文体局制定了《岗位职责及规章制度》，并以突发事件及消防应急等情况制定了应急预案。

安全保卫方面，武胜县成立了以副县长挂帅的安全保卫领导小组，下设办公室，由文体局局长、管理处处长秦明林任办公室主任，其他3位管理人员为成员，实行了24小时值班制度，白天分班流动执勤；消防设施除文物本身附属的消防石缸、消防池外，增加了50个灭火器，分置于寨内各要道口，装有通讯有线电话1部，领导配备了移动通信电话。

第四节　文物管理评估

一、保护单位四有管理工作评估

根据武胜县文物部门提供的相关保护工作情况，结合对现行管理措施的实地调查，建立"管理评估表"，设立评分标准，进行评估。

现状管理评估表

文物名称	管理状况									状态评价	管理评估
	保护级别	占地范围（公顷）	保护范围（公顷）	建控地带（公顷）	说明标志	记录档案	管理机构	专职人员	兼职人员		
宝箴寨	全国重点保护单位	0.7	有	有	Y	Y	武胜文体局	秦明林	3	良	良
段家大院	无	2	无	无	N	N	武胜文体局	秦明林	0	差	差
其他历史遗迹	无	4	无	无	N	N	—	—	0	差	差

二、原有保护区划评估

广安市人民政府 2000 年公布了保护范围，明确规定了以宝箴寨建筑为中心，四周外延 200 米（即 40000 平方米）为重点保护范围。重点保护范围再外延 300 米为建设控制地带（即 250000 平方米）。保护范围采用文物本体外扩一定距离的方式进行划定。从目前调查情况来看，保护作用并不理想。其原因除了管理上的问题外，还有如下几点：

1. 保护范围仅以宝箴寨为中心，没有考虑到段家大院和宝箴寨是一个遗产整体。

2. 保护范围以中心外扩的方式划定保护范围，没有考虑地形地貌，道路村庄的实际情况，可操作性差，不便于实际管理。

3. 保护区划仅划定了重点保护区和建设控制地带，没有详细研究宝箴寨现存的遗存分布区和历史环境区域，划定范围过于粗放，不便于制定相应的细致的管理措施。

第五节　文物管理问题概述

宝箴寨文物管理上总体尚好，但仍存在很大的片面性，主要有两方面。

一、文物古迹的保护工作方面：

1. 文物保护力量严重不足，缺乏细致的保护措施无法落实。

2. 段家大院和碉楼虽然实际上也纳入文物部门的管理，但由于缺乏文物认定，没有保护范围，无法有效进行管理。

3. 宝箴寨周边历史遗迹缺乏相关考古调查，缺乏历史环境方面的认定，没有建立管理工作。

4. 文物古迹保护范围不够合理，公布的保护范围没有起到有效的作用，缺乏可实施性和可监控性。

5. 宝箴寨和段家大院的安全消防设施不足，尤其是段家大院，村民饮水做饭，存在较大隐患，管理工作相对松懈。

6. 缺乏对本地居民和外来游客在此环境中活动的行为限定，缺乏对影视拍摄等文物使用管理方面的规定。

二、文物古迹管理机构的组织建设方面

1. 管理人员不足，且职责不够明确。

2. 缺乏明确的管理规范，缺乏有效的管理制度。

3. 保护人员的专业素质及管理、保护手段有待进一步提高。

4. 严重缺乏保护经费和相关资源投入。

第五章 利用评估

第一节 对外开发利用情况

宝箴寨虽已对外开放，但由于宣传不够等因素，知之者不多，外来游客不多，主要是一些领导和专家来参观，偶尔也接待影视拍摄。

对外开发利用评估表

种类	主要行为概述	社会效益	经济效益	对文物影响
参观旅游	偶有散客进入参观；由于缺乏足够的展陈，多是匆匆浏览；常有古建筑专家和领导到寨内参观。	较好，大量的古建专家和文物方面的领导参观，扩大了社会影响力和知名度。	经济效益不高，宣传力度不够；展陈设计不足；宝箴寨在旅游方面的价值未得到合理和充分的开发。	数量较少，规模不大，尚不构成消极影响。
影视拍摄	由于寨子保留较好，许多影视剧作为外景地，对部分房间、城墙进行布置装饰。	较好，通过影视剧的传播，扩大社会影响力，提高知名度。	较好，通过出租外景场地，给地方文物部门创造一定收益，弥补经费不足。	缺乏相关管理制度，剧组在拍摄过程中容易对文物本体造成一定破坏。

第二节 展示利用情况

宝箴寨由于开发利用较晚，2003年才收归文物部门管理，在展示利用方面，主要是经过抢修，对外展示宝箴寨完整的建筑格局和防御体系。2003年四川省博物馆协助武胜县利用宝箴寨东塞粮仓进行展陈布置，成为对外介绍宝箴寨的展厅。

展示利用评估表

名称	1949 年至 1958 年	1958 年至 1970 年	1970 年至 2003 年	2003 年至今
宝箴寨	政府分划给当地村民所有	武胜万善区粮站以800 元人民币从村民手中将宝箴寨购买，作为粮站收购储存粮食用房	万善粮站将宝箴寨东塞东端两四合院拆除，兴建了现代的粮食仓库。戏楼改建成加工房；所有木构建筑改建成砖（石）墙粮仓。	产权收归文物主管部门。戏楼复原及房屋全面排危复原。省博协助对宝箴寨进行陈列、复原布展，把东寨一房屋改建成一展厅。

第三节　其他现存问题

宝箴寨内部空间没有充分展示；没有体现出与主宅的整体展示空间；宝箴寨管理人员专业水平不够，人员相对太少。

展示利用问题综合表

问题	程度	措施或建议
内部展示	不充分	根据研究成果，选择适当的房屋进行布展，展示宝箴寨相关的各项背景价值
与主宅的整体展示	没有	根据保护规划，全面认定宝箴寨历史遗存分布，制定全面的展示利用措施。
管理人员专业水平	不足	加强培训，可轮换进行短期学习或请老师讲课等多种形式的培训学习
管理人数	缺乏	增加专业研究员和讲解员
与各方面的联合	没有	可与旅游部门合作，与教育部门合作，让宝箴寨的历史、科学价值充分体现。

第六章　评估图

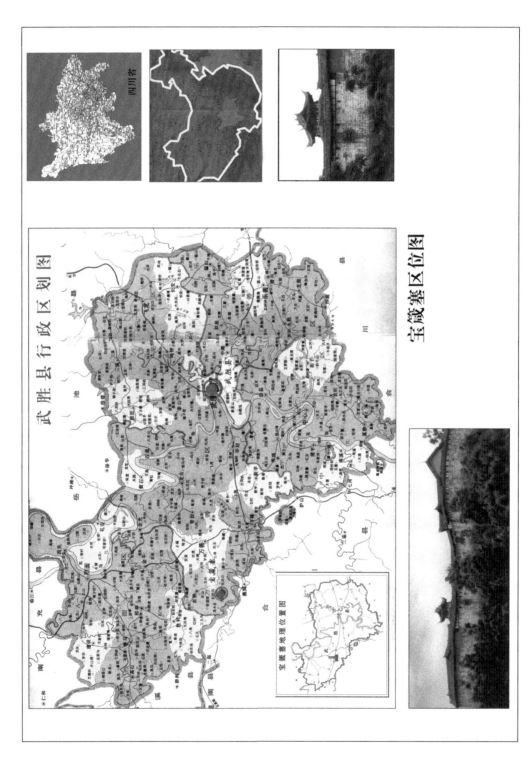

区位图

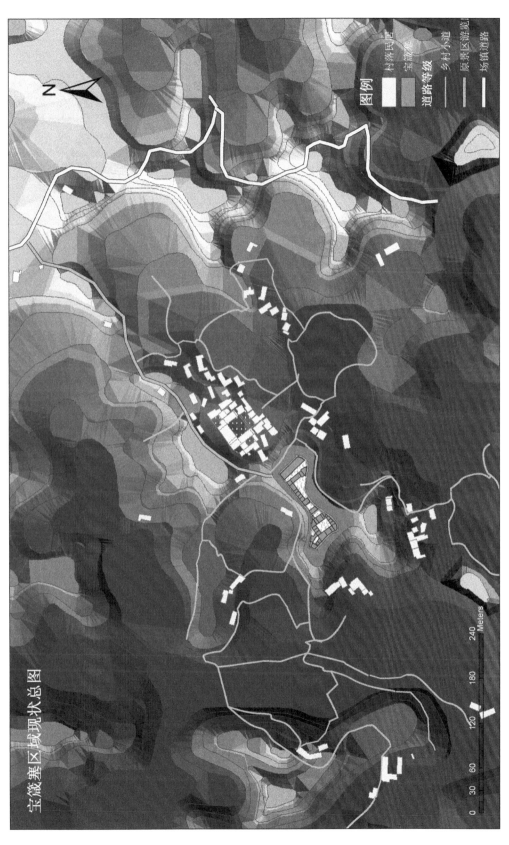

宝箴寨区域现状总图

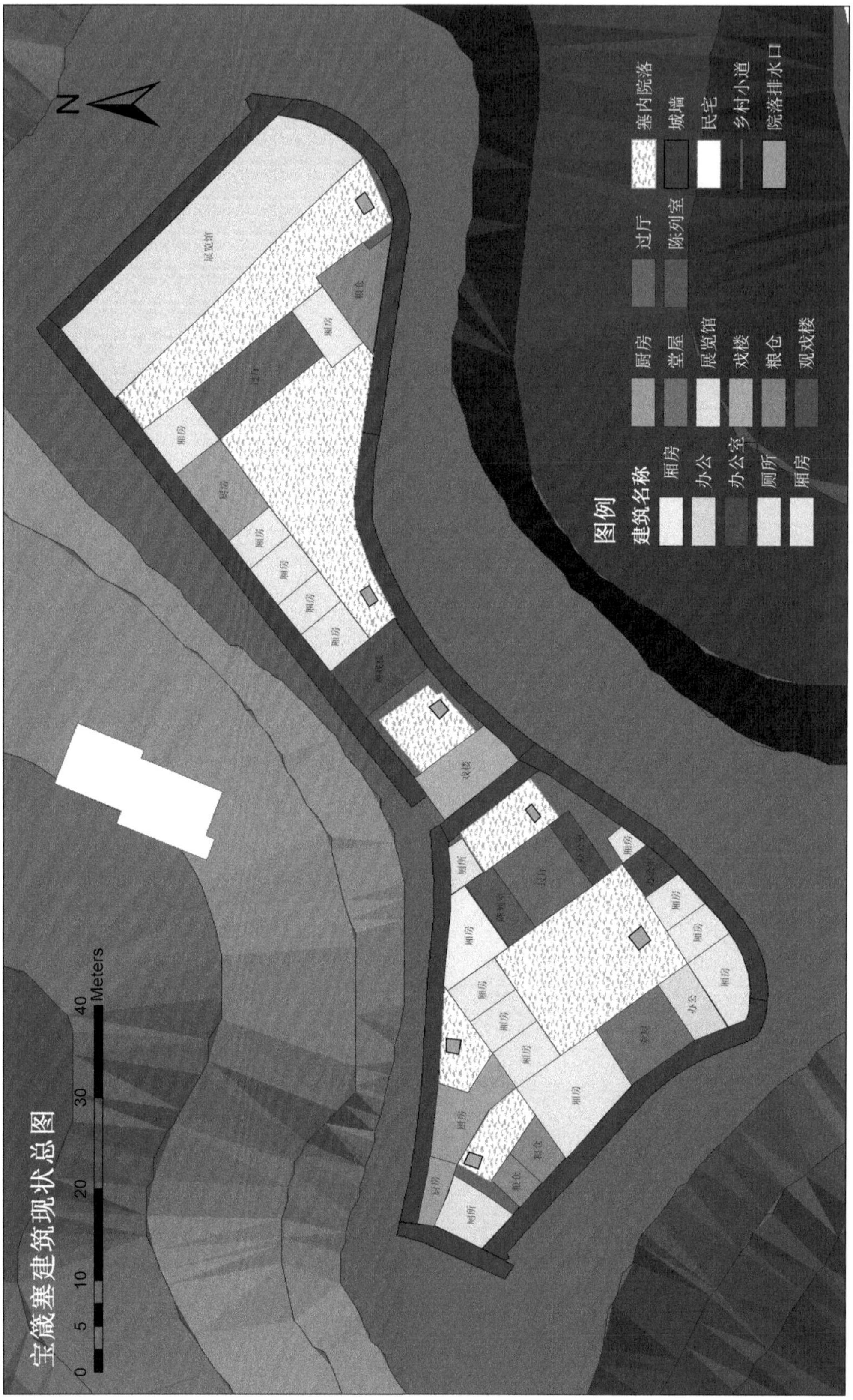
宝箴寨建筑现状总图
N
0 5 10 20 30 40 Meters
图例
建筑名称
厢房
办公
办公室
厕所
厢房
厨房
堂屋
展览馆
戏楼
粮仓
观戏楼
过厅
陈列室
寨内院落
城墙
民宅
乡村小道
院落排水口

宝箴寨建筑现状总图

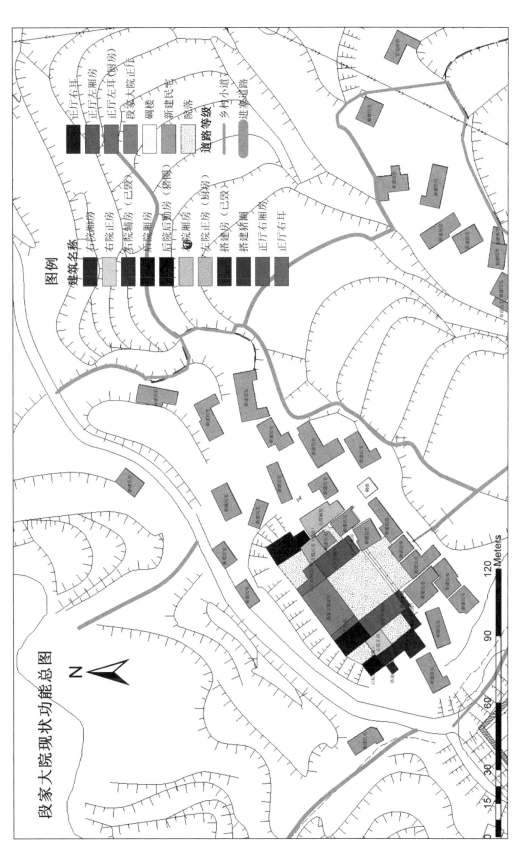

段家大院现状功能总图

段家大院现状总图

图例

建筑名称

正厅右耳	左院耳房
正厅左厢房	右院正房
正厅左耳（厨房）	东院正房（已毁）
段家大院正房	中院耳房
碉楼	后院后勤房（猪棚）
新建民宅	中院耳房
院落	东院正房（厨房）
	搭建房（已毁）
	搭建猪圈
	正厅右厢房
	正厅右耳

道路等级

乡村小道 进楼道路

93

塞内民居历史功能分析图

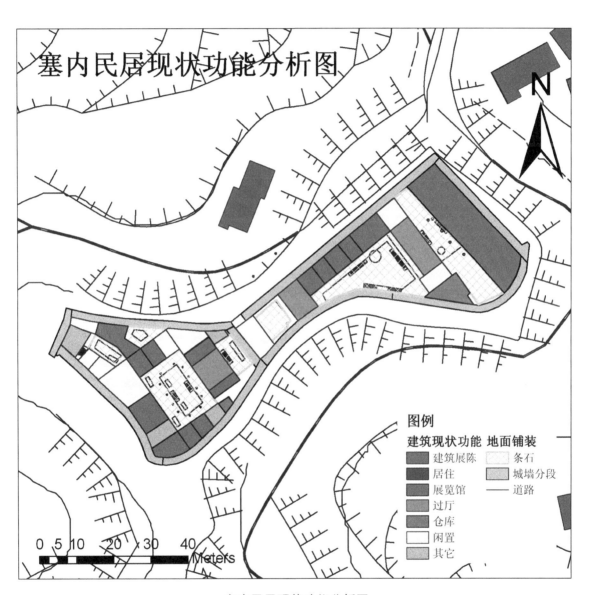

塞内民居现状功能分析图

塞内民居建筑结构分析图

塞内民居建筑年代分析图

塞内民居地面铺装分析图

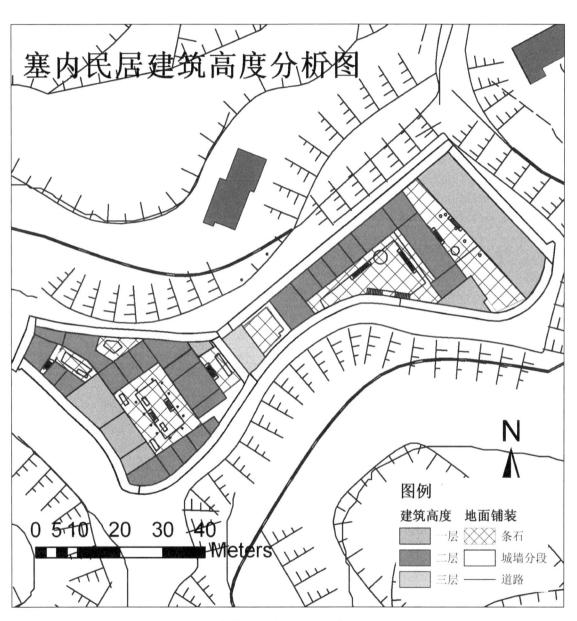

塞内民居建筑高度分析图

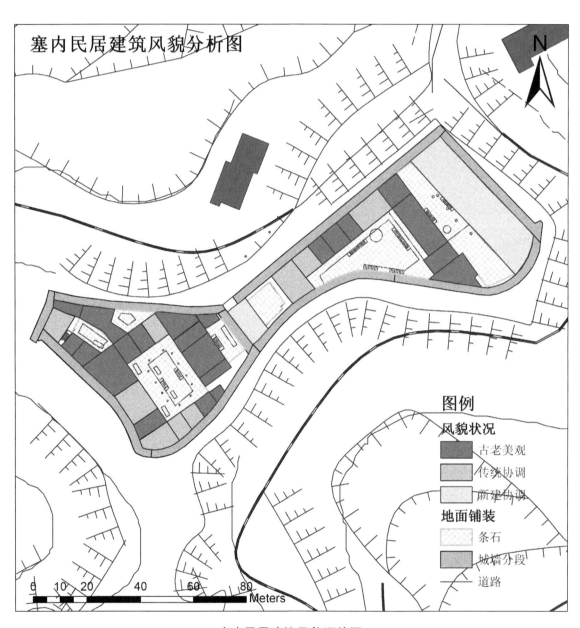

塞内民居建筑风貌评估图

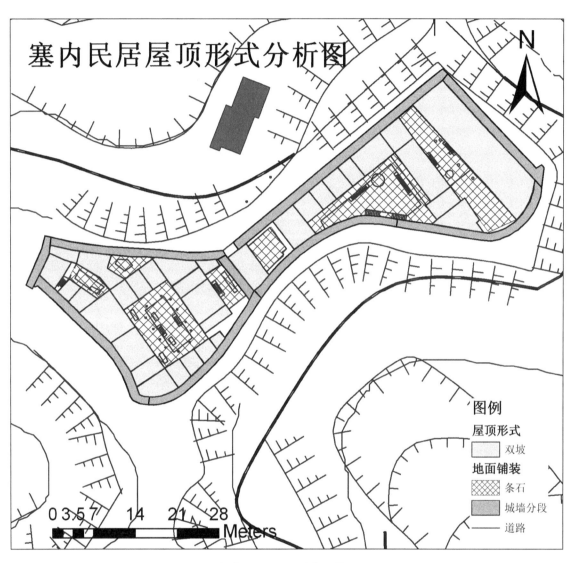

塞内民居屋顶形式评估图

院落地面材料塞内民居分析图

塞内民居和院落年代分析图

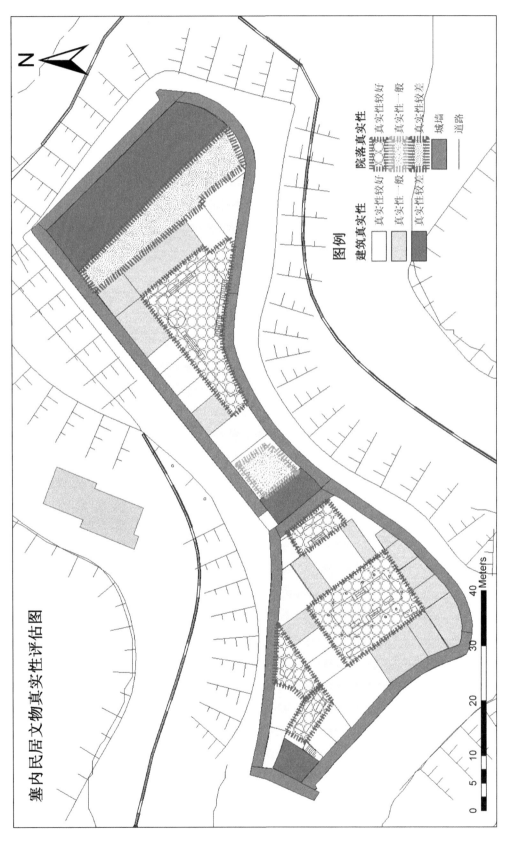

寨内民居文物真实性评估图

图例

建筑真实性
- 真实性较好
- 真实性一般
- 真实性较差

院落真实性
- 真实性较好
- 真实性一般
- 真实性较差

- 城墙
- 道路

寨内民居文物真实性评估图

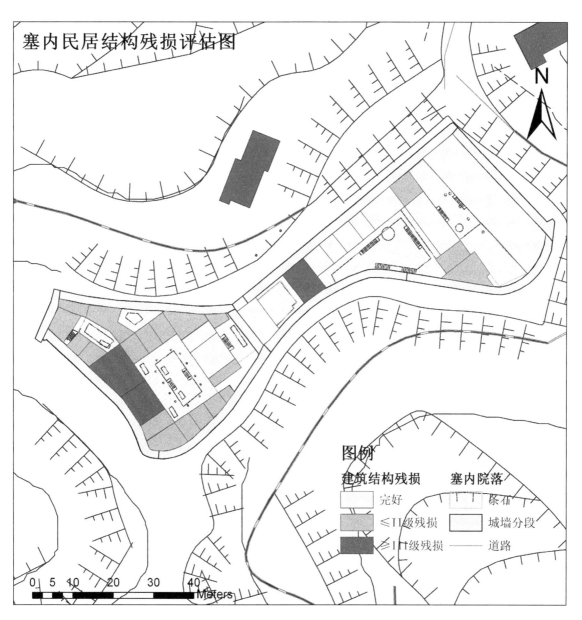

塞内民居结构残损评估图

塞内民居墙体残损评估图

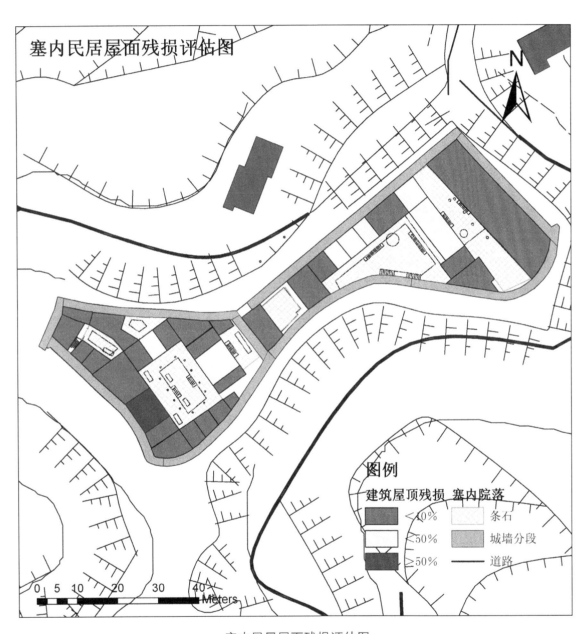

塞内民居屋面残损评估图

塞内民居地面残损评估图

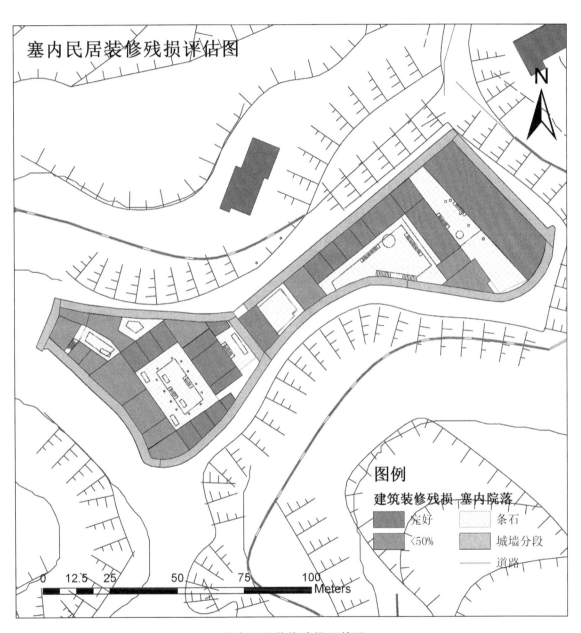

塞内民居装修残损评估图

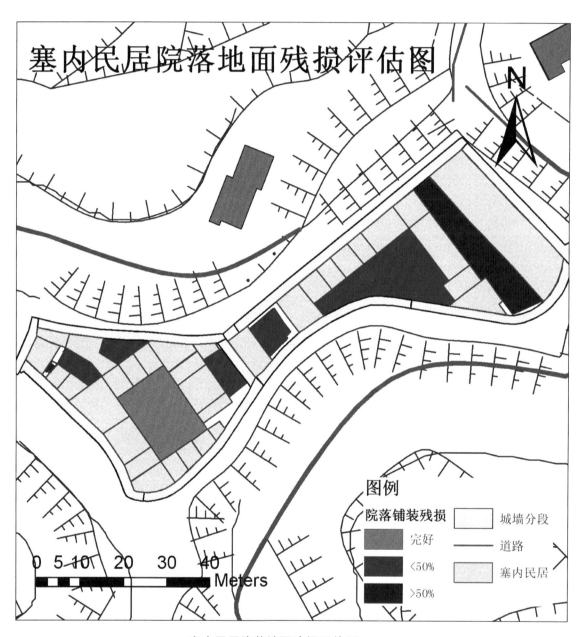

塞内民居院落地面残损评估图

塞内民居完整性评估图

塞内民居历史格局图

宝箴寨城墙垛口类型分布图

宝箴寨通道地面材料分析图

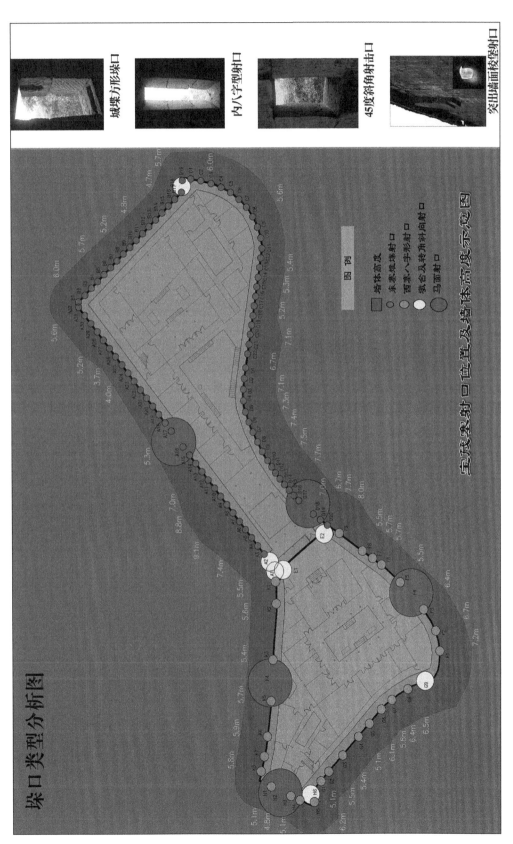

城堞方形垛口

内八字型射口

45度斜角射击口

突出墙面棱堡射口

垛口类型分析图

图例

塔体高度
束柔烧射口
西柔八字形射口
敷台及转角斜向射口
马面射口

宝成堡射口位置及墙体高度示意图

防御垛口类型分析图

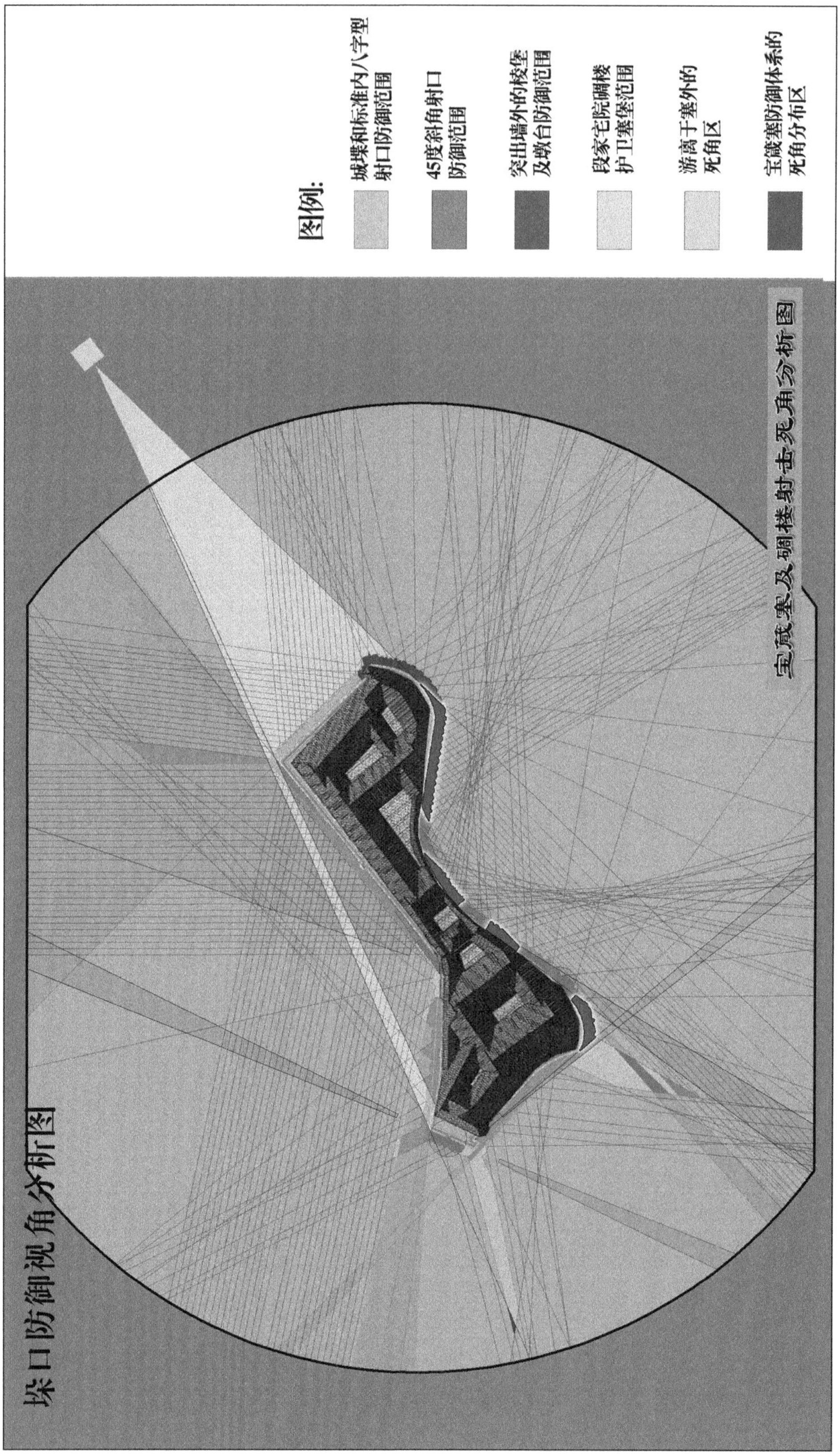

图例：

- 城堞和标准内八字型射口防御范围
- 45度斜角射口防御范围
- 突出墙外的棱堡及炮台防御范围
- 段家宅院碉楼护卫塞堡范围
- 游离于塞外的死角区
- 宝箴寨防御体系的死角分区

垛口防御视角分析图

宝箴寨及碉楼射击死角分析图

垛口防御视角分析图

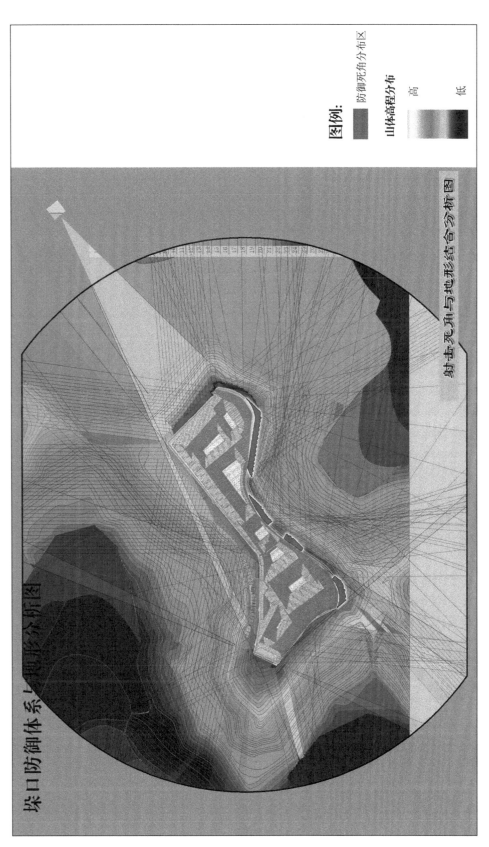

垛口防御体系与地形分析图

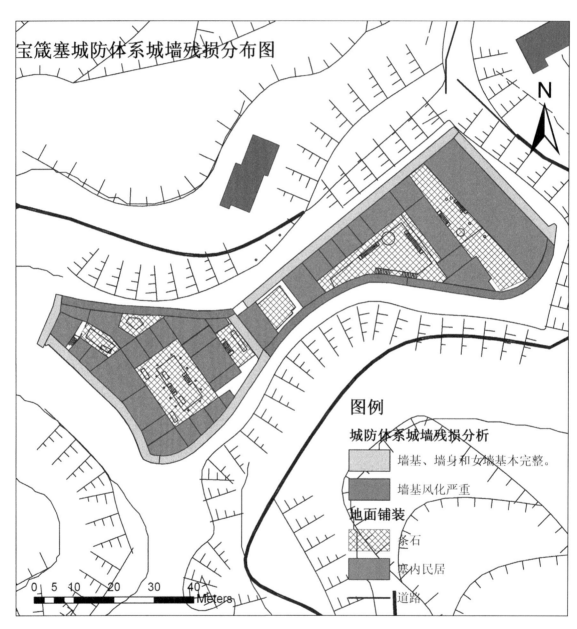

宝箴寨城防体系城墙残损分布图

宝箴塞通道地面残损图

图例

城防体系地面残损　　地面铺装

原地面保留完整　　　条石

原地面表层残损　　　道路

塞内民居

宝箴塞通道地面残损图

宝箴寨城防体系残损评估图

宝箴塞回廊建筑残损分析图

图例

城墙回廊

■ 结构后期改造，材料原物保留
▨ 结构和材料均为后期改造或重建
■ 结构材料原状保留

地面铺装

▨ 条石
── 道路
▢ 塞内民居

0 5 10 20 30 40 Meters

宝箴塞回廊建筑残损分析图

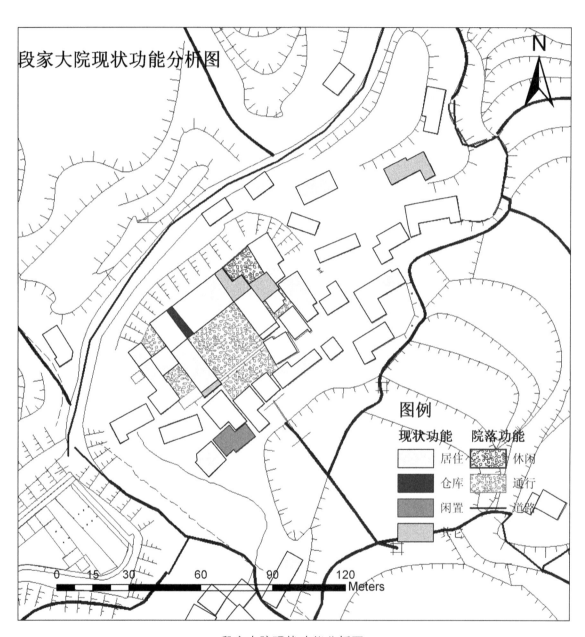

段家大院现状功能分析图

段家大院建筑年代分析图

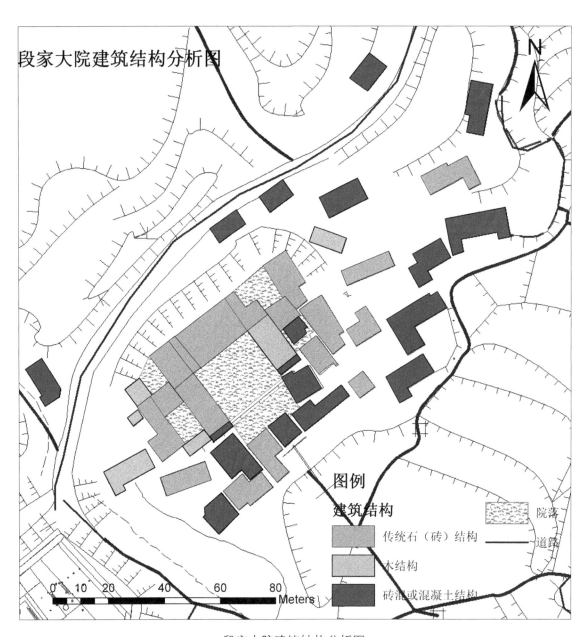

段家大院建筑结构分析图

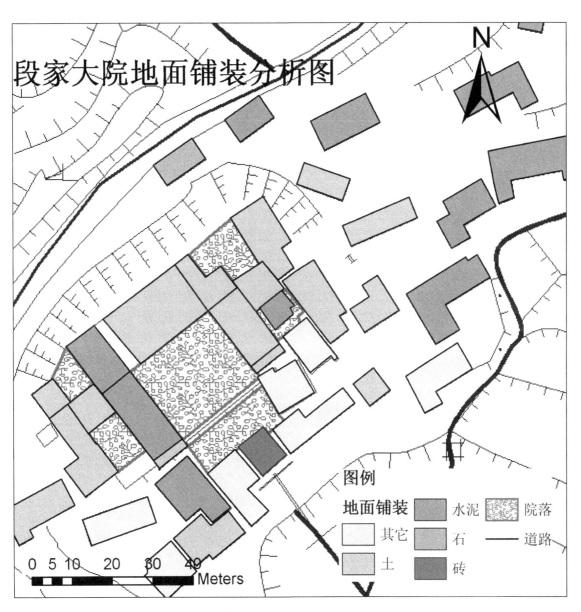

段家大院地面铺装分析图

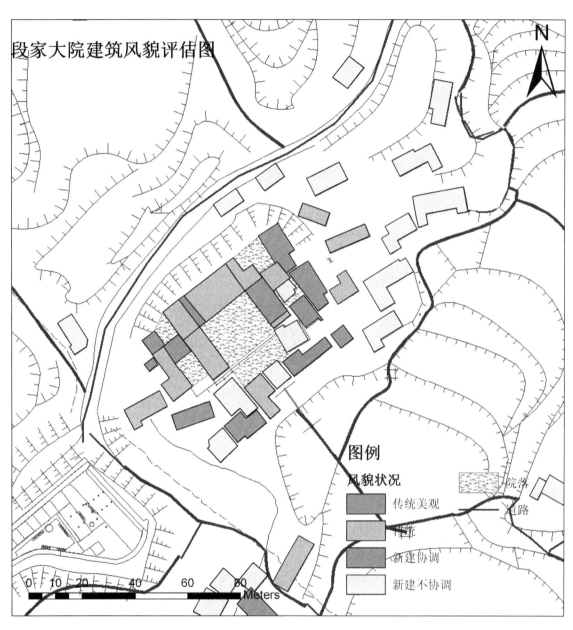

段家大院建筑风貌评估图

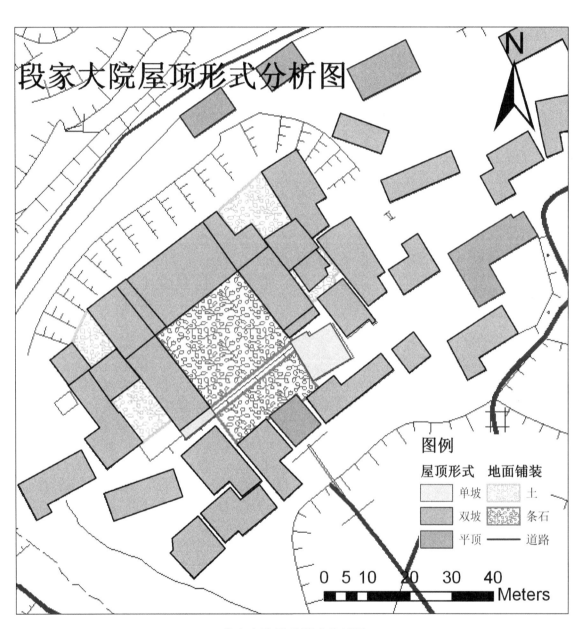

段家大院屋顶形式分析图

段家大院真实性评估图

段家大院文物建筑与院落认定图

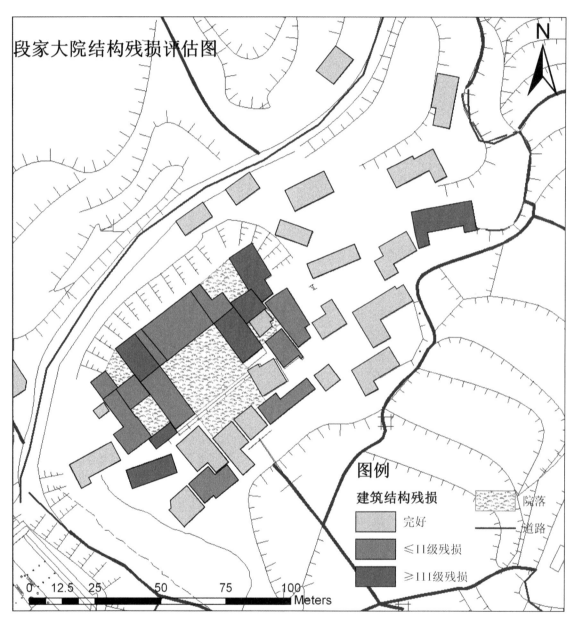

段家大院结构残损评估图

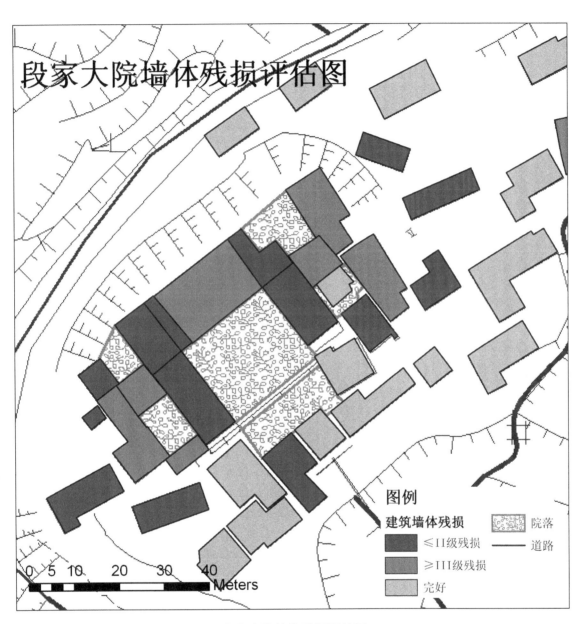

段家大院墙体残损评估图

图例

建筑墙体残损

■ ≤Ⅱ级残损

■ ≥Ⅲ级残损

□ 完好

院落

—— 道路

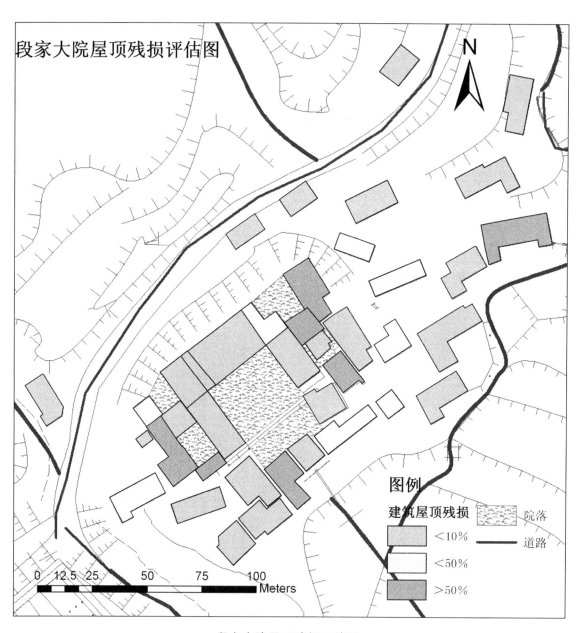

段家大院屋顶残损评估图

段家大院地面残损评估图

规
划
篇

第一章　规划条文

第一节　编制说明

一、编制背景

为有效保护我国四川省宝箴寨丰富而珍贵的文化遗产，科学、合理、适度地发挥文化遗产在现代化建设中的积极作用，特编制本规划。

二、适用范围

依据国家有关文物保护的各项法律法规文件编制而成，依法审批后，作为四川省宝箴寨文物保护的法规性文件，在制定地方新农村建设规划和编制城镇总体规划时，应将本规划纳入其中。

三、编制依据

（一）主要依据

国务院《关于加强文化遗产保护工作的通知》（2006 年 2 月）

《中华人民共和国文物保护法》（2002 年 10 月）

《中华人民共和国文物保护法实施条例》（2003 年 7 月）

《中国文物古迹保护准则》（2002 年）

《全国重点文物保护单位保护规划编制审批办法》（2004 年）

《全国重点文物保护单位规划编制要求》（2004 年）

《全国重点文物保护单位记录档案工作规范（试行）》（2003 年 11 月 24 日）

《全国重点文物保护单位保护范围、标志说明、记录档案和保管机构工作规范（试行）》（1991 年 3 月 25 日）

《古建筑木结构维护与加固技术规范》（1992 年 9 月发布，1993 年 5 月实施）

《文物保护工程管理办法》（2003 年 4 月）

《四川省《中华人民共和国文物保护法》实施办法》（2006 年 7 月 1 日实施）

《城市规划编制办法》（2005 年）

《中华人民共和国环境保护法》（1989 年 12 月）

（二）参考文件

《关于保护景观和遗址的风貌与特征的建议》（1962 年）

《考古遗产保护与管理宪章》（1972 年）

《关于保护乡土建筑的国际宪章》，ICOMOS；

《关于文化旅游的国际宪章（第八稿）》，ICOMOS；

《世界遗产保护公约实施守则》，UNESCO 联合国教科文组织；

四、指导思想

坚持"保护为主，抢救第一、合理利用、加强管理"的文物工作方针，对宝箴寨的文物建筑进行抢救修缮工程，加强和改善宝箴寨地区的文物保护和管理工作，积极依托其丰富多样的自然与文化遗产，发展特色旅游，促进区域社会、经济、文化的协调发展。

五、规划期限

本规划期限为 20 年，分三期实施：

1. 近期 2007 年 ~ 2010 年（4 年）

2. 中期 2011 年 ~ 2015 年（5 年）

3. 远期 2016 年 ~ 2027 年（11 年）

六、规划对象和范围

四川广安市宝箴寨文物保护规划是以宝箴寨和为核心的综合性保护规划，包括宝箴寨文物本体，相关文物遗存及其周边的乡村历史环境，规划考虑范围约 70 公顷。

规划范围内的图纸以两类基础资料为基准，其中大区域东经 106°03′45″~106°07′30″；北纬 30°20′00″~30°22′30″范围内以四川省测绘局 1978 年颁布的 1∶1 万测绘图为基准。宝箴寨和段家大院的详细地形图以武胜县规划局提供的 2002 年 1∶1000 宝箴寨民族文化村地形图为参考。

第二节 基本对策

一、规划原则

1. 保护为主、抢救第一，合理利用、加强管理；

2. 以真实性为基本原则，保障文物遗存的完整性和安全性；

3. 文物保护、文化教育、旅游发展、生态保护和城乡建设相衔接，促进文化遗产在现代生活中的传承与发展。

二、保护策略

1. 尽可能减少对宝箴寨文物本体的干预，尊重历史信息，对存在险情的建筑和院落进行抢救性修缮。

2. 提高保护措施的科学性。

3. 合理协调文物保护与新农村建设和旅游开发的关系。

4. 强调文物环境保护，注重文物保护与生态环境保护相结合。

5. 加强文物管理，定期实施日常保养，预防灾害侵袭。

6. 坚持科学、适度、持续、合理的利用。

7. 提倡公众参与，注重普及教育。

三、规划目标

有效保护宝箴寨的历史、文化、艺术、科学及社会等诸方面的遗产价值，结合国家新农村规划建设，考虑地方发展经济的内在需求，积极发展文化资源产业和生态旅游，最终谋取宝箴寨乡镇和武胜县社会效益、生态效益与经济效益的和谐与可持续发展。使武胜县丰富而珍贵的文化遗产获得有效保护和合理利用。并希望通过规划实施更完整、更充分地展示宝箴寨所蕴含的历史文化信息，加强研究，扩大宣传，实现宝箴寨的社会价值。

四、规划要求

1. 根据地方文物部门提供的基础资料和现场调研情况，对宝箴寨重要文物遗存分布区编制结构性的控制规划。

2. 强调规划措施的科学性、合理性和前瞻性，同时具有较强的可操作性。

3. 提供规划管理依据，强调文物管理的重要性，增强规划的可实施性。

五、文物保护规划的主要内容

（一）保护对象

国家重点文物保护单位——四川省武胜县宝箴寨。

（二）规划重点

1. 调查分析宝箴寨内外现存传统民居、院落和城墙防御体系等文物本体及周边环境现状。

2. 考察宝箴寨历史变迁脉络及相关的有价值的文化和环境背景。

3. 对文物现存状况，文物价值，文物管理现状以及利用现状进行评估。

4. 制定与评估结论相应的保护措施，包括有关的工程经济指标和分期规划。

5. 根据规划指导思想，结合文物保护单位具体历史地理环境划定保护范围，建设控制地带，并制定相应的控制管理要求。

6. 规定开放要求，编制展示陈列方案。

7. 提出完善管理机构的建议和工作目标。

六、保护规划实施要求

1. 坚持原址保护，重视对历史信息的辨别和保护；不得搬移和风貌改造。

2. 现阶段保护区划的范围涵盖已探明的、有保护价值的、不可移动的文物遗存。在规划实施中应在总体规划目标前提下，贯彻规划原则和策略，对新的发现和新研究成果制定应变方案。

3. 强调现状保护的意义，对所有保护工程采取审慎的态度，论证为先，实施为后，避免保护性破坏。

4. 尽可能减少干预；按照保护要求使用保护技术；强调文物环境保护。

5. 加强文物管理，定期实施日常保养；预防灾害性侵袭。

6. 加强文物保护的宣传教育，增强全民文物保护的意识，鼓励文物保护的科学研究。

第三节　保护区划

根据评估可知，原有保护区划划定方式不科学，缺乏明确的边界，可实施性较差。依据《文物保护法实施条例》第九条、第十三条，《全国重点文物保护单位保护范围、标志说明、记录档案和保管机构工作规范（试行）》第二章要求，参照地方政府原先公布的保护区划文件，对该区域内文物保护单位的保护范围重新进行界定。根据文物本体及其周边关联环境的安全性、完整性要求，以及实际管理和操作上的可行性，将宝箴寨文物保护区划分为保护范围、建设控制地带两个层次。其中保护范围分为重点保护区和一般保护区，建设控制地带分为Ⅰ类建设控制地带和Ⅱ类建设控制地带。

一、区划划定要求

（一）保护范围的划定和总体要求

1. 根据文物本体及其关联历史环境的整体性和安全性划定文物保护单位的保护范围。

2. 依据文物保护单位遗存分布状况及现状地域特性，将保护范围划分为重点保护区和一般保护区。

3. 重点保护区是指重要文物遗存分布和遗存分布密集的地带。

4. 一般保护区是指保护范围内除重点保护区外的区域。

5. 保护范围内原则上不得进行除保护工程外的其他建设工程，如有特殊情况，必须按法律程序报批。重点保护区内不得进行任何建设工程。

6. 保护区的划定是对原有保护区的调整和认定，建立在对宝箴寨周边环境进行详细勘察的基础之上。保护区的划定要求能够完全覆盖已知文物建筑群体，并且留有一定缓冲区域。

7. 根据现有国家文物局对制定保护区划的精神要求，在划定时要充分考虑地形和环境因素，力求保护区清晰合理，易于辨识区分。划定文物保护单位的保护范围具体界限时，必须有明确的标志物为依托，以便文物管理部门落实现场立桩标界工作。

（二）I类建设控制地带的划定和总体要求

在保护范围外，将需要保护环境风貌与限制建设项目的区域划定为文物保护单位的建设控制地带，规划要求：

1. 尽可能囊括与文物保护单位相关密切的历史地理环境。

2. 能够形成文物保护单位的完整、和谐的视觉空间和环境效果。

3. 能够控制直接影响文物保护单位的环境污染源（包括水系污染、噪音、有害气体排放等）。

4. 建设控制地带范围内根据各种环境因素对文物构成影响的程度（如环境风貌、视域景观等）分类划分区块、制定相应的管理要求，以利于区分管理控制强度。

5. 在建设控制地带修建新建筑物和构筑物，应符合本规划的相关要求，不得破坏文物保护单位的环境风貌，设计方案应按规定程序报批。

（三）II类建设控制地带的划定和总体要求

在保护范围及I类建设控制地带外，将需要保护自然环境风貌、历史环境风貌、限制建设项目的区域划定为II类建设控制地带，规划要求：

1. 应尽可能囊括原有宝箴寨聚落的环境。

2. 能够形成文物保护单位的完整、和谐的视觉空间和环境效果。

3. 能够控制直接影响文物保护单位的环境污染源（包括水系污染、噪音、有害气体排放等）。

4. 在Ⅱ类建设控制地带修建新建筑物和构筑物，应符合本规划的相关控制要求，其设计方案应按规定程序报批。

二、保护区范围划定

（一）原有保护范围

2000 年，广安市人民政府《关于公布第一批市级文物保护单位范围的通知》（广安府发（2000）122 号文件）公布保护区划如下：

保护范围：以宝箴寨建筑为中心，四周外延 200 米（40000 平方米）为重点保护范围。

建设控制地带：重点保护范围的基础上再外延 300 米为建设控制地带（即 250000 平方米，375 亩）。

2004 年，四川省第六批全国重点文物保护单位推荐材料中，宝箴寨保护范围与 2000 年广安市公布的范围一致。

（二）保护范围划定

根据宝箴寨文物遗存的分布及其环境特征，结合现状调查和评估结论，重新划定保护范围，总面积为 2.5 公顷。保护范围分为重点保护区和一般保护区，其中重点保护区依据现存遗存分布情况分为三块。

1. 保护范围

综合考虑宝箴寨目前遗存的分布情况和可能的历史遗存分布状况，结合地形地貌和用地性质的现状，依据专项评估结论，将宝箴寨保护范围划定如下，东面至碉楼外石围墙遗存位置，南面至段家大院以南第一道田埂和古井处（原第三道朝门遗址），向西延伸至宝箴寨南面山体断坎，西面至宝箴寨山体西侧山脚，绕至北面山体断坎，沿公路往东至段家大院后山体北界，往南跨公路与东侧围墙相闭合。

简述四至边界如下：

—北至宝箴寨山体北界及段家大院后山体北界。

—南至宝箴寨山体南界及段家大院外古井处田埂。

—东至碉楼东侧石墙遗存处。

—西至宝箴寨山体西侧山体边界。

总占地面积 2.5 公顷。

其中：

2. 重点保护区分为三块区域

宝箴寨重点保护区：现存宝箴寨墙体基址范围内，占地面积 3300 平方米。

段家大院重点保护区：

—北至段家大院北侧断坎。

—南至段家大院台阶下历史院落的外界。

—东至段家大院东侧跨院厢房外界。

—西至段家大院西侧跨院厢房外界。

占地面积 3100 平方米。

碉楼重点保护区：现存碉楼基址范围内，占地面积 107 平方米。

重点保护区总占地面积 6507 平方米。

3. 一般保护区

保护范围内除重点保护区外的区域。

占地面积 1.85 公顷。

（三）建设控制地带范围划定

根据评估结论，为有效保护宝箴寨及其相关遗址本体的安全性，考虑相关历史环境的真实性和完整性，划分二类建筑控制地带，逐级控制相关历史环境的因素，总面积为 85 公顷。

1. Ⅰ类建设控制地带：

一类建设控制地带包括宝藏塞和段家大院上原有的历史环境和农耕景观区域，根据宝箴寨所在区域的用地性质和地形地貌情况，划定出建设控制区域，制定相关控制要求，区域为不规则形状，大致四至边界范围如下：

—北至宝箴寨北面山谷和山体北界。

—南至段家大院南边耕地外界，与各山体交界处。

—东至水渠和宝箴寨景区入口牌楼处。

—西至宝箴寨西边耕地与山体交界处。

占地面积 25 公顷。

2. Ⅱ类建设控制地带

二类建设控制地带包括宝藏寨周边区域，对宝箴寨景观环境存在一定影响的区域，为保证未来城乡的建设发展不至于破坏宝箴寨所在区域的环境景观，划定出一定区域并提出保护方面的相关的建设要求，以宝箴寨城墙为中心，以周边视域分析所见范围为依据，结合用地性质划定控制范围，区域为不规则形状，占地面积60公顷。

第四节　管理要求

一、保护范围管理要求

保护范围内不得进行可能影响文物保护单位安全的活动，对已经构成破坏和影响文物安全的因素必须采取措施，破坏性设施应当限期拆除。

（一）重点保护区—宝箴寨重点保护区管理要求

1. 与文物本体安全性相关的土地应全部由国家征购，土地使用性质调整为"文物古迹用地"。

2. 宝箴寨强调整体实行原址保护，不得进行除保护工程之外的任何建设工程，不得进行任何有损文物本体的活动。

3. 因特殊情况需要在保护区内进行的建设工程，必须保证文物建筑和遗存的安全，必须报国家文物局批准；

4. 文物修缮工程必须按法定程序办理报批审定手续。

5. 实施有效的安全防护措施。

6. 重点保护区管理工作应由宝箴寨文物保护管理所负责。

（二）重点保护区—段家大院重点保护区管理要求

1. 与文物本体安全性相关的土地应全部由国家征购，土地使用性质调整为"文物古迹用地"。

2. 段家大院经过认定的文物建筑强调实行原址保护，合理安置院内原有居民，重点区域内不得进行除保护工程之外的任何建设工程，不得进行任何有损文物本体的活动。

3. 因特殊情况需要在保护区内进行的建设工程，必须保证文物建筑和遗存的安全，必须报国家文物局批准。

4. 文物修缮工程必须按法定程序办理报批审定手续。

5. 实施有效的安全防护措施，管理工作应由宝箴寨文物保护管理所负责。

（三）重点保护区——碉楼重点保护区管理要求

1. 与文物本体安全性相关的土地应全部由国家征购，土地使用性质调整为"文物古迹用地"。

2. 碉楼强调实行原址保护，除了针对碉楼的保护工程之外，不允许任何其他建设工程。不得进行任何有损文物本体的活动。

3. 文物建筑修缮工程必须按法定程序办理报批审定手续。

4. 实施有效的安全防护措施，管理工作应由宝箴寨文物保护管理所负责。

（四）一般保护区管理要求

1. 严格控制土地使用性质，与文物本体安全性关联的土地全部由国家征购，土地使用性质调整为"文物古迹用地"。

2. 在一般保护区内原则上不得进行有损文物保护工程的任何建设工程，拆除区内严重影响文物保护及环境风貌的建筑物及构筑物。

3. 因特殊情况需要进行其他建设工程的，应符合保护规划要求，同时必须保证文物保护单位的安全，工程应经国家文物局同意，报四川省人民政府批准。经过该区的地下管线工程应避免触动文物建筑基础。

4. 保护区内非文物建筑的民居修缮工程必须符合文物保护专项规划的要求，不应新建其他建设工程。

5. 所有建设工程设计方案应按照法定程序办理报批审定手续。

6. 保护范围内不得建设污染文物保护单位及其环境的设施，不得进行可能影响文物保护单位安全以及环境的活动。

7. 一般保护区管理工作应由宝箴寨文物保护管理所负责。

二、建设控制地带管理要求

（一）基本要求

1. 在建设控制地带内进行建设工程，不得破坏文物保护单位的历史风貌；建设工程选址应当尽可能避开国保建筑的文物本体。工程设计方案应报国家文物局同意后，由当地规划部门批准。

2. 在该区域进行基本建设，建设单位应当事先报请上级文物部门组织从事考古发掘的单位在工程范围内有可能存在地下遗存的地方进行考古调查，勘探。考古调查、勘探中发现的文物，由上级文物部门根据文物保护的要求会同建设单位共同商定发掘计划及保护措施。

3. 不得建设污染文物保护单位及其环境的设施，不得进行可能影响文物保护单位安全及其环境的活动。对已有的污染文物保护单位及其环境的设施，应当限期治理。

4. 不得进行任何有损景观效果与和谐性的行为。

5. 本范围内进行城镇建设，开发强度应有所限制。各地块土地使用，建筑高度等建设要求应参照本规划相关要求。

6. 建设控制地带内已经建成的建筑物和构筑工程，若对景观影响较大，应予以拆除，影响不大的可在适当时期拆除或按建设控制地带要求进行调整和改造。

（二）分类控制要求

1. Ⅰ类建设控制地带

—该地带主要是宝箴寨周边的农耕田分布区域，属于宝箴寨重要的历史环境，对文物历史环境的完整性和景观协调性有重大影响。应该严格按照规划要求，根据地方经济能力进行环境整理和耕地景观保护，改造不协调的建筑风貌，占地面积较大，严重破坏文物历史环境的现代建筑应考虑搬迁。

—该地块内基本的用地性质应明确为耕地，严格限制建设，地块内的建筑性质应明确为农村住宅，不宜建设其他类型建筑，应按照本规划要求，控制建筑规模和建筑风貌，明确规定建筑的功能、高度、材料等。

—该地块内农村住宅建筑高度应以单层为主，局部不超过2层，屋顶形式为小青瓦坡屋顶，前檐应带有木构前廊，立面装饰以木构架形式为主，与宝箴寨民居相协调

2. Ⅱ类建设控制地带

—该区域主要根据宝箴寨山顶的视域范围划定，是对宝箴寨景观环境存在影响的区域。

—该区域以控制建筑风貌为主要目的，控制周边城乡未来发展的方向和区域，控制总建设量，对影响较大的建筑物进行调整改造，强调风貌协调，保护宝箴寨周边原

有的山林农耕环境，保持区域整体的自然景观。

——建议在该区域内不得进行影响区域整体环境景观的行为，该区域村镇建设应符合本规划的保护理念，并考虑本规划的相关要求。

——本范围内进行城市建设，开发强度应有所限制，工程设计方案应报省级文物部门同意后，报地方规划建设部门批准。

——地块内建筑高度应控制在 4 层以内，屋顶形式为坡屋顶，建筑风格应考虑与宝箴寨文物保护区的协调。

第五节　保护措施

一、制定和实施原则

1. 依据宝箴寨文物保护单位的各级遗存的现状、环境和文物价值制定相应的保护措施。

2. 在国家级文物保护单位的具体保护措施时应强调对历史信息的全面保存，强调历史信息的真实性。

3. 在制定各文物保护单位的具体保护措施，尤其是重要文物的重点保护措施时采取审慎的态度。在保护措施和技术不够成熟的情况下，首先考虑具有可逆性的措施。

4. 上述所有保护措施的运用必须建立在各遗存具体问题的实际调研和科学分析的基础上，技术方案必须经主管部门组织专家论证后，方可实施。列入保护规划的保护工程，必须委托专业部门进行专项设计，设计方案必须符合国家相关工程的行业规范，依程序审批后才可实施。

二、总体保护措施

（一）保护范围的公布与界标

1. 经本规划确定的保护区划在国家文物部门评审通过后，应在 60 日内由四川省人民政府发文公布。

2. 保护范围边界应落实界标，和标志牌，以示公众，并明确围护方式。

3. 标志说明牌应按照《全国重点文物保护单位保护范围、标志说明、纪录档案和保管机构工作规范（试行）》第三章要求执行。

（二）文物本体的认定

1. 文物本体的认定应依据规划保护范围及现状评估结果，对公布的文物保护单位宝箴寨及其环境内的文物本体进行细致区分与认定。

2. 文物本体应根据宝箴寨历史信息的完整调查和相关真实性的评估结论，文物本体的类型应包括宝箴寨古民居建筑、历史院落及段家大院的遗存、历史建筑、附属文物等。

（三）文物本体综合保护措施

1. 主要适用于经过认定的宝箴寨塞内民居建筑、院落、宝箴寨内外城防体系、段家大院建筑遗存和可能存在的地下遗迹、附属文物等文物遗存。

2. 建议将经过认定的文物建筑、历史遗存和相关遗迹、以及附属文物等应全部收归国有，与宝箴寨一起由政府文物部门统一管理。

3. 在收归国有之前，文物行政管理机关应设立相关条例，禁止段家大院内住户擅自拆除、改建、迁移和破坏文物建筑。

4. 尽快完成宝箴寨和段家大院文物建筑遗存的现状勘测，并安置居民，尽快开展文物建筑的修缮工程。

5. 对于段家大院历史上已损毁的建筑、朝门和围墙、历史园林的保护，应先进行初步的考古勘探，明确现有地下遗迹分布和保存情况，根据具体情况采取必要的保护和修复措施。

6. 设置专门的保护管理机构，完善管理制度，安排专人负责。

7. 建立详细的记录档案；竖立标志说明。

8. 日常维护与管理经费应纳入地方财政计划，提供实施保障。

（四）针对具体问题基本措施

根据现状评估和破坏因素分析，规划编制下列主要保护措施。

1. 遗存本体的保护采用可逆性修缮保护技术与工程措施。

2. 自然灾害问题采取检测和有效防护工程措施。

3. 所有人为破坏问题采用加强管理措施。

4.风蚀、虫蛀问题主要采用生物措施与化学保护技术相结合的措施。

三、保护措施

（一）宝箴塞塞内建筑保护措施

针对宝箴塞塞内建筑的保护修缮工程，按照宝箴塞塞内建筑的评估结果区分为以下三项措施：

1.抢救性保护修缮

该措施针对历史价值较高，同时又有严重残损或较大结构安全问题的文物建筑。具体措施为：对存在险情先进行抢险加固，并尽快展开全面修缮工作，在必要情况下对文物建筑进行落架大修。抢救性保护修缮工程计划在2008年内全部完成。

2.重点修缮

该措施针对历史价值较高，残损严重、无较大结构安全问题的文物建筑，具体措施为：完成现状测绘和病害勘查后，尽快开展文物建筑的修缮工作，加固结构，更换严重糟朽的构件、修补部分糟朽的构件，补充遗失构件等，重点修缮。

3.现状保护

该措施针对保存较好的塞内建筑。具体措施为对现有建筑进行维护，对于与整体风貌不相协调的门窗、砖瓦、各种木构件等进行局部调整；对属于文物建筑的进行清理，定期进行保养。东塞文物建筑的保护措施具体见下表。

东塞民居建筑保护措施表

文物本体		建筑编号	真实性	完整性	保护措施
东塞民居	戏楼	DS-B01	C	A	现状保护
	观戏楼	DS-B02	A	C	抢救性保护修缮
	厢房	DS-B03	B	B	重点修缮
	厢房	DS-B04	A	B	重点修缮
	厢房	DS-B05	A	B	重点修缮
	厢房	DS-B06	A	B	重点修缮
	厨房	DS-B07	B	B	重点修缮

文物本体		建筑编号	真实性	完整性	保护措施
东塞民居	厢房	DS-B08	B	B	重点修缮
	展览馆	DS-B09	B	A	现状保护
	粮仓	DS-B10	A	B	现状保护
	厢房	DS-B11	A	B	现状保护
	过厅	DS-B12	B	B	重点修缮

注：保护措施分三类：现状保护；抢救性保护修缮；重点修缮。

西塞文物建筑的保护措施具体见下表。

西塞民居建筑保护措施表

文物本体		建筑编号	真实性	完整性	保护措施
西塞民居	厕所	XS-B01	A	B	重点修缮
	过厅	XS-B02	A	A	现状保护
	厢房	XS-B03	A	B	重点修缮
	厢房	XS-B04	B	B	重点修缮
	厢房	XS-B05	A	C	抢救性保护修缮
	厢房	XS-B06	A	B	重点修缮
	厨房	XS-B07	A	B	重点修缮
	厨房	XS-B08	A	B	重点修缮
	厕所	XS-B09	C	C	抢救性保护修缮
	粮仓	XS-B10	A	B	重点修缮
	粮仓	XS-B11	A	B	重点修缮
	厢房	XS-B12	A	B	重点修缮
	堂屋	XS-B13	B	C	抢救性保护修缮
	办公室	XS-B14	B	B	重点修缮
	厢房	XS-B15	B	B	重点修缮
	厢房	XS-B16	B	B	重点修缮
	堂屋	XS-B17	B	B	重点修缮

文物本体	建筑编号	真实性	完整性	保护措施
西塞民居	办公室 XS-B18	B	B	重点修缮
	粮仓 XS-B19	B	B	重点修缮
	陈列室 XS-B20	B	B	重点修缮

注：保护措施分三类：现状保护；抢救性保护修缮；重点修缮。

（二）宝箴寨塞内院落保护措施

针对宝箴寨塞内院落的保护修缮工程，按照宝箴寨塞内院落的评估结果区分为以下三项措施：

1. 现状清理

该措施针对历史价值较高，现状保存较好的文物院落。具体措施为：设立保管人员，建立详细的记录档案，进行日常清理和维护。

2. 修缮保护

该措施针对格局完整、历史价值较高、残损较严重的文物院落，具体措施为：完成现状测绘和病害勘查后，制定维修方案，清除病害，补充遗失构件、修补残损构件，加固风化严重的石构件，严重残破的构件可考虑适当更换等。

3. 复原修缮

该措施针对格局残缺、残损严重的文物院落。具体措施为：根据历史信息和现状勘查的结论，恢复原有院落格局，保证材料、工艺、形式的真实性，符合传统风貌要求。宝箴寨文物院落的保护修缮措施具体见下表。

宝箴寨院落保护措施表

文物本体	建筑编号	真实性	完整性	保护措施
东塞民居院落	DS-Y01	A	B	修缮保护
	DS-Y02	C	C	复原修缮
	DS-Y03	B	B	修缮保护
西塞民居院落	XS-Y01	A	B	修缮保护
	XS-Y02	A	A	现状清理；

文物本体	建筑编号	真实性	完整性	保护措施
西塞民居院落	XS-Y03	A	B	修缮保护
	XS-Y04	A	B	修缮保护

注：院落保护措施分三类：现状清理；修缮保护；复原修缮。

（三）宝箴寨城防体系保护措施

根据宝箴寨城防体系的危害因素和现状评估结论，确定相应的保护修缮工程，由于每一段城防体系中包括城墙、通道地面、垛口和木廊四个部分，这四个部分修缮措施分列如下，并进行编号。城防体系修缮技术措施具体见下表。

城防体系修缮技术措施表

序号	保护对象	修缮措施	技术措施编号
1.	墙体保护措施	加固墙基，加固风化构件	WR01
		去除墙上植被，补配墙垛上缺失石构件	WR02
2.	通道地面保护措施	清理原有地面，整理归安原有石板，	FR01
		清理沙土地面，恢复石板地面	FR02
		去除不当添加的水泥地面，恢复完整石板地面。	FR03
3.	垛口保护措施	清理加固垛口，	DR01
		补配缺失构件，修补残损构件。	DR02
4.	木廊保护措施	整体结构归安，修缮残损木构件	BR01
		去除后期不当改造，恢复原梁架位置，恢复木廊原有结构。	BR02

根据宝箴寨城防体系 A ~ K 段的真实性和完整性评估结论，确定每段城防体系需要进行的保护修缮措施，列表如下：

城防体系分段保护措施表

文物本体		文物编号	真实性	完整性	需采取的保护措施
东塞城墙	东塞城墙 A 段	DSW-A	B	B	WR01、FR02、DR01、BR02
	东塞城墙 B 段	DSW-B	C	B	WR01、FR02、DR01、BR02
	东塞城墙 C 段	DSW-C	B	C	WR02、FR03、DR01、BR01
	东塞城墙 D 段	DSW-D	B	B	WR02、FR03、DR01、BR01
	东塞城墙 E 段	DSW-E	A	A	WR01、DR01
西塞城墙	西塞城墙 F 段	XSW-F	C	B	WR02、FR03、DR02、BR01
	西塞城墙 G 段	XSW-G	B	B	WR02、FR02、DR02、BR01
	西塞城墙 H 段	XSW-H	B	C	WR01、FR01、DR02、BR01
	西塞城墙 K 段	XSW-K	A	C	WR01、FR01、DR02、BR01

（四）段家大院民居建筑保护措施

针对段家大院民居建筑的保护修缮工程，按照段家大院建筑的评估结果区分为以下六项措施：

1. 抢救性保护修缮

该措施针对历史价值较高，残损严重或结构有重大安全问题的文物建筑。

具体措施为：对存在险情先进行抢险加固，并尽快展开全面修缮工作，在必要情况下对文物建筑进行落架大修。抢救性保护修缮工程计划在 2008 年内全部完成。

2. 重点修缮

该措施针对历史价值较高，残损严重、无较大结构安全问题的文物建筑。

具体措施为：完成现状测绘和病害勘查后，尽快开展文物建筑的修缮工作，加固结构，更换严重糟朽的构件、修补部分糟朽的构件，补充遗失构件等，重点修缮。

3. 现状保养维护

该措施针对健康状况良好、保存较好的文物建筑。

具体措施为对现有建筑进行维护，清理不当的添加物，对于残损或遗失的门窗、砖瓦等木构件等进行补遗，定期进行保养。

4. 风貌修缮

该措施针对保护范围内有一定历史价值，主体风貌较协调，但局部经过改造的历史建筑。

具体措施为对建筑进行风貌协调性修缮，恢复原有的或相适应的历史风貌。

5. 拆迁

该措施针对保护范围和建控地带内对文物建筑及宝箴寨历史环境风貌有严重影响的现代建筑。

具体措施为对原有住户予以搬迁，拆除原有建筑，搬迁地点应在保护范围之外。清空后的用地应根据情况确定相应的处理措施，属于遗址的应进行初步勘探后确定保护措施，非遗址区域可根据规划要求，恢复原有农耕和自然山林用地。

6. 建筑改造

该措施针对处于建控地带内，距离保护范围较远，对文物建筑和历史环境景观存在一定影响的一般建筑。

具体措施为保持原建筑主体结构不变，按照所在区划的控制要求对建筑屋顶、墙面材料、装饰风格按传统民居风貌进行协调性改造。段家大院建筑保护措施分六类：现状保养维护；抢救性保护修缮；重点修缮；风貌修缮；拆迁；建筑改造。

段家大院建筑的保护修缮措施具体见下表。

段家大院建筑保护措施表

文物本体	建筑编号	真实性	完整性	保护措施
碉楼	DY-B00	A	B	现状保养维护
段家老宅正厅	DY-B01	A	C	抢救性保护修缮
段家大院正厅右耳（西）	DY-B02	A	C	抢救性保护修缮
段家大院正厅右耳	DY-B03	B	B	重点修缮
段家大院右厢	DY-B04	B	C	抢救性保护修缮
新建民居	DY-B05	C	A	拆迁
段家大院正厅左耳（东）	DY-B06	B	C	抢救性保护修缮
段家大院左厢	DY-B07	A	B	重点修缮
新建民居	DY-B08	C	A	拆迁
传统民居	DY-B09	B	C	抢救性保护修缮
传统民居	DY-B10	B	C	抢救性保护修缮

文物本体	建筑编号	真实性	完整性	保护措施
传统民居	DY-B11	B	C	抢救性保护修缮
传统民居	DY-B12	B	C	抢救性保护修缮
新建民居	DY-B13	C	A	拆迁
传统民居	DY-B14	B	C	抢救性保护修缮
传统民居	DY-B15	B	C	抢救性保护修缮
传统民居	DY-B16	C	C	抢救性保护修缮
传统民居	DY-B17	C	B	风貌修缮
传统民居	DY-B18	A	C	抢救性保护修缮
传统民居	DY-B19	C	C	拆迁
传统民居	DY-B20	B	B	风貌修缮
新建民居	DY-B21	C	A	拆迁
传统民居	DY-B22	B	B	风貌修缮
传统民居	DY-B23	C	C	拆迁
新建民居	DY-B24	C	A	拆迁
新建民居	DY-B25	C	B	拆迁
新建民居	DY-B26	C	A	拆迁
新建民居	DY-B27	C	A	拆迁
新建民居	DY-B28	C	B	拆迁
新建民居	DY-B29	C	B	拆迁
传统民居	DY-B30	C	B	拆迁
新建民居	DY-B31	C	A	拆迁
新建民居	DY-B32	C	A	拆迁
新建民居	DY-B33	C	A	拆迁
新建民居	DY-B34	C	A	建筑改造
新建民居	DY-B35	C	A	建筑改造
新建民居	DY-B36	C	A	拆迁
新建民居	DY-B37	C	A	拆迁
新建民居	DY-B38	C	A	拆迁

续　表

文物本体	建筑编号	真实性	完整性	保护措施
新建民居	DY-B39	C	A	拆迁
新建民居	DY-B40	C	A	拆迁

（五）段家大院民居院落保护措施

段家大院历史院落保护措施针对段家住宅现存的 6 个历史院落，根据专项评估结果制定相应保护措施，措施分为两类。

1. 重点修缮

该措施针院落保存较好，残损严重的院落。

具体措施为勘查院落病害，制定修缮方案，清理石条构件，更换严重残损的构件，局部重墁。

2. 复原修缮

该措施针对真实性较好，整体破坏严重的院落。

具体措施为清除院内杂物，清理出原有院落遗存，根据勘查结论，采用原做法恢复原院落，尽可能保护遗存，复原部分应保证材料、工艺、形式的真实性，保证风貌的完整和协调性。段家大院院落保护措施分二类：重点修缮；复原修缮。

段家大院院落的保护修缮措施具体见下表。

段家大院院落保护措施表

文物本体	建筑编号	真实性	完整性	保护措施
段家大院院落	DY-Y01	A	B	重点修缮
	DY-Y02	A	C	复原修缮
	DY-Y03	B	C	复原修缮
	DY-Y04	B	C	复原修缮
	DY-Y05	C	C	复原修缮
	DY-Y06	A	B	重点修缮

157

（六）附属文物保护措施

1. 所有附属文物均需设置明显的标志和说明，禁止人员直接触摸、踩踏或过分靠近文物。

2. 建立严格的管理制度，安排人员管理。

3. 改善收藏条件，设置监测、修复、更新物件所需的人员和设施。

4. 设置防火、防盗、防自然破坏的相应设施。

5. 所需经费考虑进地方财政预算。

6. 对于部分可移动文物，如散落构件以及生产工具等附属文物应进行收集整理，收入文物管理部门进行保存，条件成熟可进行展出。

四、环境整治规划

（一）环境整治的总体要求

1. 宝箴寨地区环境整治的范围包括本次规划划定的文物保护区划和相应影响区域。

2. 调整景区道路系统，改造电力线路、给排水等基础设施，适应文物保护管理与展示利用的需要。

3. 维护区域内地形地貌，防止水土流失；重点保持建设控制地带的农耕田的土地性质，维持农田景观，禁止可能对农田水域生态有污染或破坏性的人为活动。重点监测宝箴寨山体的稳定性，必要时应采取局部山体加固措施。

4. 保持宝箴寨城墙视域范围内的自然景观风貌，控制建设量，保持区域的传统风貌。

（二）环境整治的内容

1. 基础设施

根据评估结果，针对宝箴寨基础设施现状所面临的问题，应采取以下几项措施：

宝箴寨应安装系统的安防设施，保证重要出入口的监控和火灾监控。制定并完善管理制度。

电力电讯线路应考虑从场镇集中引入，合理规划布置，应尽可能采用地下埋设，宝箴寨古建筑内的电力线必须采用套管，线路走向隐蔽。保护区内地面电线杆设置应考虑位置适当、风貌协调。所有电力系统的改造应按相关国家规范进行。

给排水系统设置应纳入武胜县和宝箴寨场镇的市政整体发展规划中，结合宝箴寨保护管理和景区开发需要，委托专业部门进行规划和施工。本文物保护规划的相关景观和环境保护原则应作为给排水设施规划的指导原则之一。

保护宝箴寨及其周边环境的水井，禁止污染水源，保护范围外的水井应尽可能保持原有功能。

宝箴寨雨水排放系统仍应考虑利用原有院落排水系统，清理疏通原排水通道，并根据院落情况适当增加排水口。

公共厕所应考虑在人员集散的地方设立，公共厕所应有独立的给排水和处理系统，建筑风貌应服从景区整体风貌需要。

宝箴寨保护区的垃圾处理应纳入市政统一管理，集中转运，统一处理。

2. 安防措施

宝箴寨应尽快全面安装避雷系统，防止雨季雷击破坏文物。

宝箴寨内每个房屋应配备消防灭火器材，并保持塞内水井和消防水池的蓄水量，作为消防备用。

经过修缮的段家大院的每个房屋内应配备消防灭火器材，保证 24 小时有人值班。保持原有水井的蓄水量，作为消防备用。

保持目前宝箴寨下水泥道路的畅通，作为紧急消防通道，应考虑在场镇设立消防车队，保证紧急情况下消防车能及时到达，兼顾宝箴寨和段家大院的消防安全。

管理上应建立完善的安全责任制度，宝箴寨内应保证 24 小时有人值班。

3. 道路

针对宝箴寨保护区道路现状，考虑未来文物保护与管理所面临的问题，建议对保护区道路系统做如下调整：

区分保护区划范围内的道路等级。根据规划要求，区分观览路线和管理路线。结合拆迁，适当增加停车场地和观览线路，重新规划保护区内道路体系。

养护并修缮目前唯一的进宝箴寨的水泥道路。

对进入牌坊后的道路在适当位置进行分流，原有从段家大院后山坡上直达宝箴寨下的道路作为紧急消防道路，周边住户应进行清理整治，适当拓宽路面宽度，提高交通能力。两侧增设人行道，进行绿化防噪和防污染处理。

根据宝箴寨和段家大院整体展示的需要，考虑在目前景区入口牌坊外设置集中停车场，机动车不允许进入景区，景区内以步行游览为主，道路以多重的乡村路和田埂路为主。进入牌坊内分流两条道景区二级道路，沙石路面，可供电动服务车运行，一条抵达段家大院南侧水田外，另一条抵达宝箴寨北山下，设置停车站点方便游客上下。

4. 景观

考虑到拆迁对环境的影响及旅游发展对景观的需要，对于宝箴寨保护区环境景观的整治措施应侧重以下几个方面：

拆除后的用地性质需严格按照用地规划控制要求，允许建设的应严格按照建设控制要求进行，合理设计，考虑环境风貌的整体定位。

区划范围内的景观设计应与农耕景观、山地地形地貌、川东民居等主题相吻合，禁止破坏景观协调性的建设。

重点整治段家大院周围的建筑景观，对重要文物建筑进行修缮，对新建展示和管理设施合理设计，加强绿化，协调风貌。

保护生态环境，加强生态环境监控。

五、文物展示利用规划

（一）展示原则与范围

1. 展示及利用原则

以文物保护为前提。

确保保护与利用的和谐统一。

坚持以社会效益为主，促进社会效益与经济效益协调发展。

合理、科学、适度的原则。

学术研究和科学普及相结合。

2. 展示范围

根据对宝箴寨和段家大院历史价值的梳理，可以发现，宝箴寨有展示价值的包括各类文物本体及其历史环境。展示范围涉及宝箴寨和段家大院保护范围以及一类建设控制地带，不同范围内具有不同的展示内容。

3. 展示策略

鉴于宝箴寨属于清末时期的四川东部山区的寨堡民居，集中反映了该地区特殊的历史地理环境和独特的建筑类型，展示以文物建筑、历史环境景观为主，突出防御寨堡、地主宅院和农耕自然景观之间的联系。

设置旅游路线。

明确展示利用主题。

开发富有地方特色的旅游产品。

完善旅游体系。

组织有特色的民俗体验活动、开展文化旅游。

（二）展示内容（主题）

宝箴寨是重要的历史文化遗产，它蕴涵丰富的历史、文化信息，具有重要的价值。合理的展示利用是实现遗产价值、传承价值的重要途径，也是保护遗产的最好方式。因此从保护的角度探索文化遗产的合理利用本身也是保护工作的一个重要方面。目前宝箴寨的旅游内容较为单一，展示方式也不能满足人们全面认识传统文化和宝箴寨所反映的特殊历史价值的要求。

根据宝箴寨文化遗产的价值认识，我们认为，作为文物保护单位的宝箴寨具有以下几个层次的展示内容：

1. 展示宝箴寨本体因地制宜、依山就势、建造宏伟、防御设计精细的城防体系。

2. 展示宝箴寨本体塞内民居外圆内方、功能齐备、与城防系统完美结合的巧妙布局和建筑特色。

3. 展示段家大院作为清末时期典型川东地主宅院的建筑特色，展示川东地区的民居建筑特色。

4. 展示宝箴寨和段家大院在总体布局上的巧妙选址关系，展示军事防御设施和生活起居设施之间功能上相互支撑、安全上相互依存的关系。

5. 展示宝箴寨、段家大院和周围农耕水田的历史景观，展示宝箴寨突出的保卫作用，展示历史上地主宅院和田地的紧密关系，展示我国典型的农耕社会的景观，展示我国封建社会时期最基层农村生产、生活、防御三位一体的历史景象。

（三）展示要求

1. 根据开放条件制定展示目标。

2. 有计划，有重点的突出文物建筑遗存展示，有限制地辅以具有特色的陈列馆，并合理制定陈列馆的规模和限制条件。

3. 强化服务意识，面向社会，面向群众，依托宝箴寨的独特价值，提高陈列布展的特色性、针对性。提高社会宣传水平，努力满足各个层次人民群众日益增长的精神文化需求。

4.所有用于遗址展示服务的建筑物，构筑物和绿化等方案必须在不影响文物原状，不破坏历史环境的前提下进行。

5.新增加的展示设施应采用轻便的，可逆的形式，并考虑风格上的传统协调。

6.遗址展示设施在外形设计上要尽可能简洁，淡化形象，减少体量；材料与做法上既要与遗存本体有可识别性，又要与环境相协调。

7.文物建筑展示的开放容量应以满足文物保护要求为标准，必须严格控制。

六、展示区规划

（一）展示区层次

宝箴寨展示区可以分为三个层次的展示区域，不同的展示区域可以展示不同的内容和主题，全面展示作为文化遗产地的宝箴寨的价值和独特的历史环境。

1.农耕社会历史文化景区

此区域以一类建设控制地带区域为基本范围，根据旅游开发的实际需要可以适当调整景区边界。

区域景观以雄伟的宝箴寨和段家宅院为核心，大片农耕水田环绕四周为基本特征，再现我国清末川东地区的农耕社会历史景观。

区域内农田依然由原责任人负责耕作，农产品由政府统购。政府应明确景区内农户的文物保护责任，严格控制建设量，保证景区传统风貌。在要求农户承担保护责任的同时，政府应开发不同的文化体验和民俗活动，鼓励农户积极参与旅游服务，并加强管理。

区域内以多重的步行小道为主，电动车为辅助，在游览内容上考虑以体验农家生活为基本主题，结合传统文化活动展示为特色。

武胜县政府应成立专门机构负责此区域的开发和管理，景区管理上必须有文物管理部门的参与。

2.段家大院文物游览景区

此区域以本规划拟定的保护范围为基本范围，边界设置应首先尊重文物保护范围的界限，便于遗产地统一管理。

此区域以高耸的宝箴寨景观为背景，以段家宅院为观赏游览区域，再现我国清末川东地区的地主宅院的建筑景观。

公布为文物建筑的房屋，应按照文物保护的原则，利用上可以考虑古建筑的展陈，室内格局布置和文化介绍等。

段家大院文物景区内以步行小道为主，参观内容上考虑以品味休憩，观览陈列，游览果园为主题，宣传介绍我国民间传统文化。

此区域管理以文物管理部门为核心，武胜县其他部门或专业文化经营机构参与经营。

3.宝箴寨城防体系游览区

此区域以宝箴寨城墙范围内为基本范围。

以宝箴寨为观赏游览区域，观览了解宝箴寨建造宏伟的防御体系，以及塞内精致的民居。

此区域以保护工作为核心，合理展示和宣传。重点展示作为全国重点文物保护单位的宝箴寨防御体系，以及两套完整的塞内民居。

宝箴寨内以专业导游带领参观，开辟展示陈列，将宝箴寨相关研究成果分主题进行展陈，宣传介绍宝箴寨精巧的防御体系。

宝箴寨内全部由文物管理部门专门管理。

（二）展示方式

宝箴寨展示区以步行参观为主要展示方式。利用历史环境、建筑村落，建筑本体等不同层次的对象、将文化活动、生活体验、文化宣传等结合起来，以图纸照片、文字资料、沙盘模型、历史实物、多媒体技术等多种展陈手段介绍宝箴寨及其相关研究成果。使游人能够通过参观宝箴寨更深入了解中国的古代农耕社会历史，体会传统生活，了解宝箴寨作为优秀的文化遗产的突出特色，并使这一了解参与的过程变得富有趣味。

展示区内除文物建筑之外的民居建筑根据风貌评价，将风貌改造修缮后的民居可以用作旅游服务使用。

（三）展示线路

建议在牌坊（水渠处）外面的路口设置游客集中停车场。游客从牌坊内进入景区，以步行为主，也可以有专门电动车服务。考虑在现有水泥路旁增设一条专门的电动车道，在段家大院南面处设置一处电动车停车站，游客下车后穿过水田沿段家大院历史上主入口大门进入参观，并从段家大院进入宝箴寨参观，在宝箴寨北面山体下设置电动车停车站，通往景区入口牌坊外停车场。展示区内设置多重的田间小道，通达各种民俗景区和农家生活体验以及游客服务处，供游客自由活动。

（四）展示设施

完善旅游设施。区内路灯、消防栓、电话亭等构筑物力求避让主要景点，休憩座椅、果皮箱、指示牌、地图等小品设计要小巧、古朴、简洁，与宝箴寨文化景区的历史内涵和风格协调统一。

管理与服务设施：沿游览路线可设置一些必需的服务设施，如休息茶座、游客中心、问讯处等。在集中的路口设立指示牌和小型地图，规范旅游路线。公厕设置也应沿主要游览路线，要有指示牌表明文物建筑等级等。

七、宝箴寨旅游规模控制估算

（一）估算原则及依据

1.文物保护单位的开放容量必须以不损害文物原状、有利于文物管理为前提，容量的测算要具有科学性、合理性。测算数据需要经过实践核实或技术检测修正；

2.规划初步确定宝箴寨开放容量为定值，不得随旅游规划发展期限增加；

3.各文物保护单位的开放容量测算应综合考虑以下要求：

文物容载标准。

观赏心理标准。

功能技术标准。

生态允许标准。

（二）计算方法及估算结果

仅对宝箴寨保护区限定日最高容量，年旅游环境容量需待保护单位具有较成熟开放条件后进行科学的测算。

计算方法：

$$C=（A÷a）×D$$

C —日环境容量，单位为人次

A —可游览区域面积或路线长度，单位为平方米或延米

a —每位游客占用的合理游览空间，单位为平方米 / 人或米 / 人

D —周转率，景点平均日开放时间 / 游览景点所需时间

【保护区范围】（A）

按照游览方式不同，本保护区以段家大院和宝箧寨的保护范围面积为需要控制的开放面积，计算游客容量。面积共 2.5 公顷。

其中宝箧寨面积共 0.3 公顷。段家宅院面积共 0.35 公顷。和周边环境共 1.85 公顷。

【游客占用游览空间】（a）

建筑室内：考虑到原有建筑和展陈面积，游览空间定为 30 平方米 / 人；

其余可通行面积：考虑到建筑、山体、水系、绿化等占地较大，实际供人通行和观览的面积很小，集中在道路和园林等处，此部分空间，游览空间定为 50 平方米 / 人；

【周转率】（D）

保护区预计每天开放 8 小时，单次游览时间约为 5 小时，周转率为 1.6。

【估算结果】（C）

文物建筑展示室内容量为：346 人次 / 日；环境内容量为 592 人次 / 日；总接待量为 938 人次 / 日。

当地文物旅游部门以此作为宝箧寨文物保护区内环境容量的控制标准，日接待游客量不得超过该值的 30%，如果超过就会严重影响旅游品质，长期超过并会对文物本体产生不利影响。

第六节　文物管理规划

一、管理策略

加强管理，制止人为破坏是有效保护和合理利用宝箴寨文化遗产的基本保证，根据《中华人民共和国文物保护法》，宝箴寨文物保护与管理应在管理方面落实下列工作：

1. 深化文物管理体制改革，加强文物保护的机构建设和职能配置。

2. 大力推进依法管理，依法行政，健全执法队伍，加大执法力度。

3. 加强宝箴寨文化遗产地的研究工作，深挖历史价值，注重专业人员培养，制定更加科学、合理、严密、完善的规章、制度、政策和规划。

4. 加强对宝箴寨文物保护工作的政策研究，结合武胜县实际情况，制定更加科学、合理、严密、完善的规章、制度、政策和规划。

5. 增加宝箴寨文物保护、管理工作中的科技含量，充分利用现代科技成果与手段，提高文物建档、保管、保护、展览、信息传播和科学研究水平。

6. 积极普及宝箴寨反映出的传统文化，宣传宝箴寨的历史、科学、艺术、文化价值，注重发挥文化遗产的重要作用，加强文物保护意识，努力完善国家保护为主，动员全体社会共同参与文物保护的体制。

根据"保护为主，抢救第一，加强管理，合理利用"的文物工作方针，规划采取以下主要对策：

1. 管理机构建设。

2. 制定管理规章要求。

3. 编制日常管理工作内容。

二、管理机构

1 加强管理是实施文物有效保护的重要前提。根据评估结果，应专门设立文物保护管理机构，扩大和增设管理机构中关于文物保护与管理、历史研究和文物维修、展示利用服务等相关专业部门。

2. 现有文物管理人员不能满足有效管理的要求，应结合管理机构的建立，配备完备的管理人员。全面负责宝箴寨文物的收集整理、保护管理、日常维护修缮、宣传陈列和科学研究等工作，并可根据不同情况建立相应的群众性保护组织。

三、管理规章

根据《中华人民共和国文物保护法》，武胜县人民政府应当制定并颁布宝箴寨文物保护单位的保护管理条例，作为保护和管理文物的行政法规。

管理条例主要内容包括：

1. 保护范围与建设控制地带的界划；应包括四至边界，各项具体管理和环境治理要求。

2. 管理体制与经费；包括各级地方政府、行政部门和管理机构的相关职责。

3. 根据规划内容制定保护管理内容及要求；其中应根据文物自身的开放容量为核算依据限定开放容量，容量的确定以不损害文物原状为前提，讲究科学，要经监测计算和实践过程检验修正。

4. 奖励与处罚；包括保护范围和建设控制地带内对违章行为的处罚和对支持管理、加强保护行为的奖励，包括禁止非法建设等。

四、日常管理

1. 宝箴寨文物保护单位的日常管理主要由宝箴寨文物保护管理所负责。

2. 日常管理工作的主要内容有：

保证安全，及时消除隐患。

记录、收集相关资料，做好业务档案。

开展日常宣传教育工作。

3. 建立自然灾害，遗存本体与载体，环境以及开放容量等检测制度，积累数据，为保护措施提供科学依据。

4. 做好经常性保养维护工作，及时化解文物所受到的外力侵害，对可能造成的损伤采取预防性措施。

5. 建立定期巡查制度，及时发现并排除不安全因素。

第七节　土地利用调整规划

1. 本规划对宝箴寨保护范围提出的土地使用规划要求，确定的各类用地性质，应纳入地方城乡建设规划。

2. 本规划公布后，规划确定的以宝箴寨和段家大院为中心的保护范围土地性质应调整为"文物古迹用地"，由政府文物主管部门管理。

3. 建设控制地带用地性质仍以农业耕地和山林地为主，根据本规划保护区划和环境整治的相关要求，妥善安置拆迁居民，对新居住点进行合理规划选址，保证历史景观协调的同时，方便农民进行农业生产活动。

4. 旅游服务设施不得侵占耕地，应避免在一类建设控制地带内集中设置。

第八节　规划实施分期

一、规划分期与依据

（一）分期依据

1. "保护为主、抢救第一、合理利用、加强管理"的文物工作方针。

2. 国家文化遗产保护事业规划。

3. 文物保护工作的相关政策和程序。

4. 地区经济与社会发展规划。

5. 国家经济计划管理规划。

（二）规划分期

本规划实施分为三期，期限为 20 年。

1. 近期 2007 年 ~ 2010 年（Ⅰ期）。

2. 中期 2011 年 ~ 2015 年（Ⅱ期）。

3. 远期 2016 年 ~ 2027 年（Ⅲ期）。

4. 不定期计划。

二、分期内容与实施重点

（一）近期（2007 年 ~ 2010 年）实施要点及主要内容

1. 完成宝箴寨内文物建筑的保护措施；

2007 年完成宝箴寨整体测绘，完成宝箴寨墙体结构稳定性评估，制定古民居修缮方案，城墙保护加固方案。

2008 年完成宝箴寨城墙、塞内民居建筑的修缮工程。

完成相关基础设施清理整治工作。

完成相关附属文物保护措施。

2. 完成段家大院内文物建筑的保护措施：

2007 年确定拆迁安置方案，实施拆迁安置工作。

2007 年完成段家大院文物建筑遗存的测绘和修缮方案。

2008 年完成段家大院文物建筑的修缮工作。

3. 完成保护范围内的遗迹调查，对重要地下遗迹进行考古勘查，确定相关的保护措施。

4. 开展宝箴寨保护区基础设施改造，道路系统规划工程等相关建设项目，考虑从宝箴寨场镇引入给水系统。

2007 年完成宝箴寨避雷设施安装工程，完善宝箴寨消防设施。

2009 年前完成宝箴寨和段家大院的消防和安防系统工程。

2009 年前结合新农村建设、旅游规划，完成保护区内电力系统的调整规划。

2009 年前结合新农村建设、旅游规划，完成保护区内给排水系统的调整规划。

2009 年前完成保护区内道路系统的改造规划。

5. 加强管理机构和组织建设，制定完善保护管理条例，加强执法监督。

6. 开展保护区内居民的拆迁工作。开展保护范围内的园林绿化工作。

7. 开展文物的收集，历史资料的研究整理；开展展陈方面的设计。

（二）中期（2011 年 ~ 2015 年）实施要点及主要内容

1 完成保护区和建设控制地带内建筑拆迁和改造工程，进行居民搬迁安置。

2. 完成保护范围内环境整治的措施：

清理宝箴寨山体植被，保护山体，防治滑坡，恢复宝箴寨原有的历史景观清理段家大院周边建筑，整治段家大院绿化环境，恢复段家宅院原有的历史景观。

3. 完成保护区道路系统改造和相关的水电管线等基础设施工程。

4. 完成保护区展示陈列规划和配套服务工程。

5. 开展建筑控制地带内的建筑拆迁，风貌改造和环境清理整治措施。

合理安置建设控制地带的居民，保证农业耕作。

进行建设控制区域内农村民宅建筑风貌的改造，注重与宝箴寨和段家大院历史风貌的景观协调。

改善乡村道路，整治山林绿化。

完成相关的乡村基础设施改造。

6. 进一步开展宝箴寨文化遗产地的对外宣传和展示工作。

（三）远期（2016 年 ~ 2027 年）实施要点及主要内容

1. 完成建设控制地带内的建筑改造和环境治理工程。

2. 完成建设控制地带内的展示工程和配套服务工程，发掘和开展民俗文化活动。

3. 结合乡镇发展总体规划，促进发展地方文物保护事业。

4. 进一步提高文化遗产地整体环境质量，将保护、开发和利用提高到更高层次。

三、不定期计划

根据相关调查和研究工作的进展而定，可能包括以工作下内容：

1. 位于本规划范围之内、新近勘查到的有价值的遗址遗迹的保护工作。

2. 保护区内影响文物保护的不确定因素的落实。

3. 新的保护任务和展示任务。

第二章 规划图

宝篢寨道路系统图

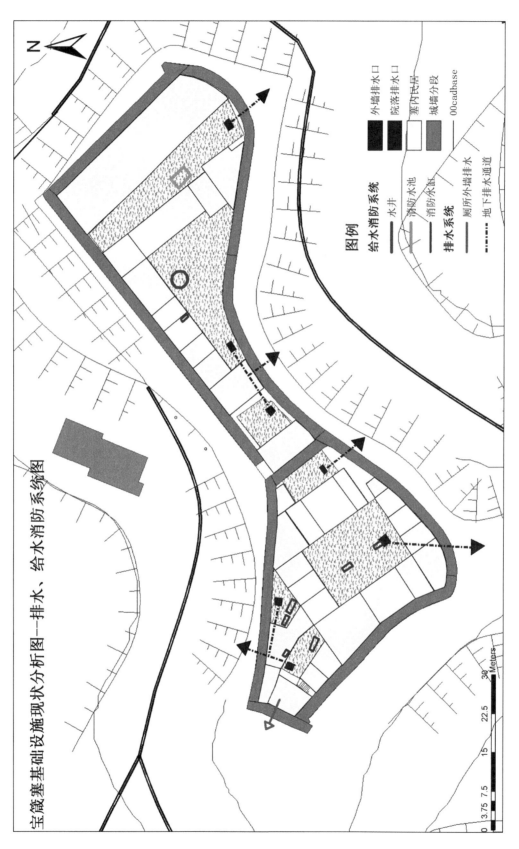

宝箴塞基础设施现状分析图—排水、给水消防系统图

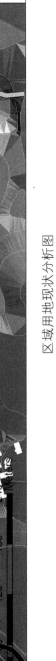

图例

用地性质
山林用地
农耕种植区
农田区
城墙分段
村庄民宅
宝箴塞

道路等级
乡村小道
原景区游览路
场镇道路

区域用地现状功能图

区域用地现状分析图

区域环境视域分析图

区域环境视域分析图

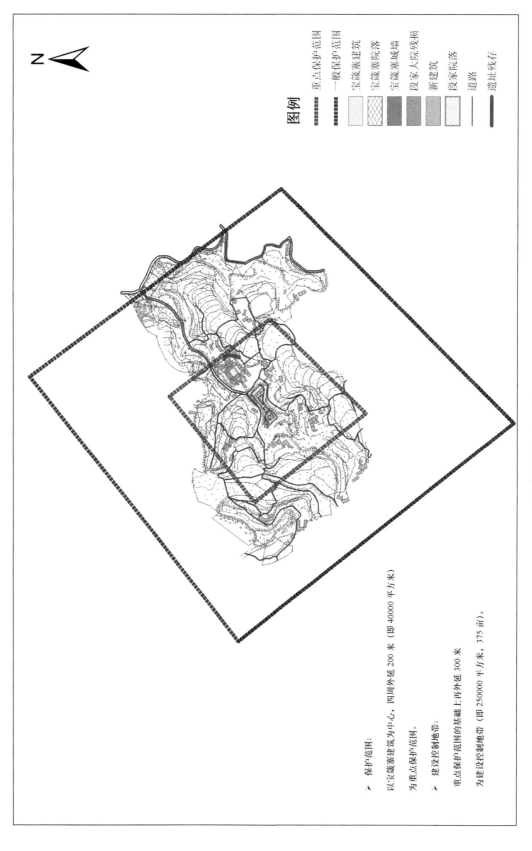

宝箴寨原有保护区划图

图例

重点保护范围
一般保护范围
宝箴寨建筑
宝箴寨院落
宝箴寨城墙
段家大院残垣
新建筑
段家院落
道路
遗址残存

➤ 保护范围：

以宝箴寨建筑为中心，四周外延 200 米（即 40000 平方米）
为重点保护范围。

➤ 建设控制地带：

重点保护范围的基础上再外延 300 米
为建设控制地带（即 250000 平方米，375 亩）。

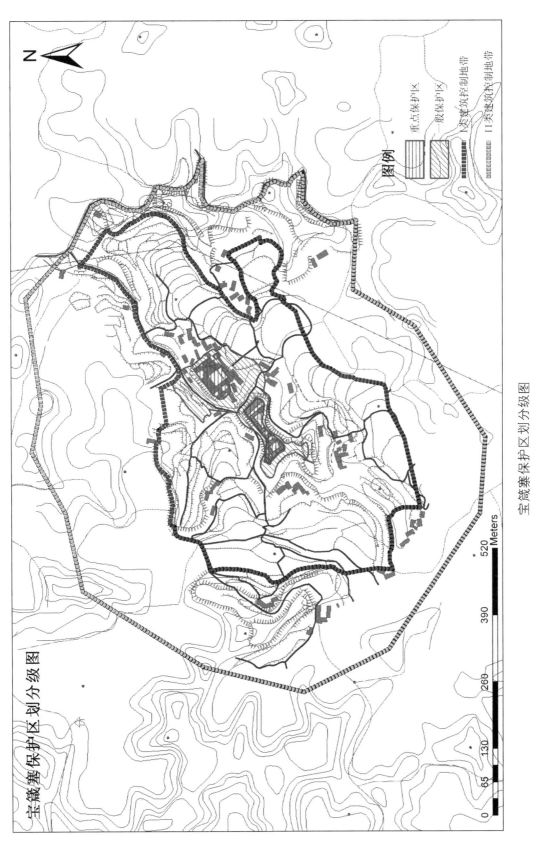

宝箴寨保护区划分级图

宝箴寨寨内建筑保护措施图

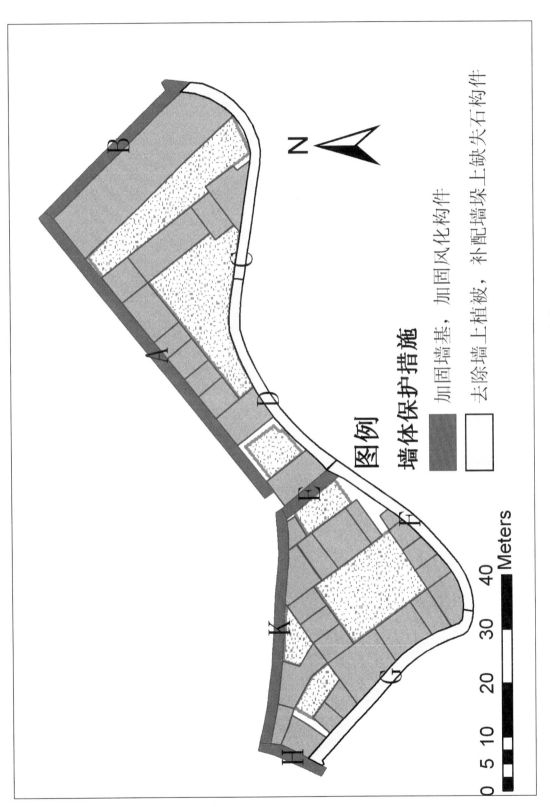

图例

墙体保护措施

□ 加固墙基，加固风化构件

□ 去除墙上植被，补配墙垛上缺失石构件

宝篋塞城防体系保护措施图—墙体

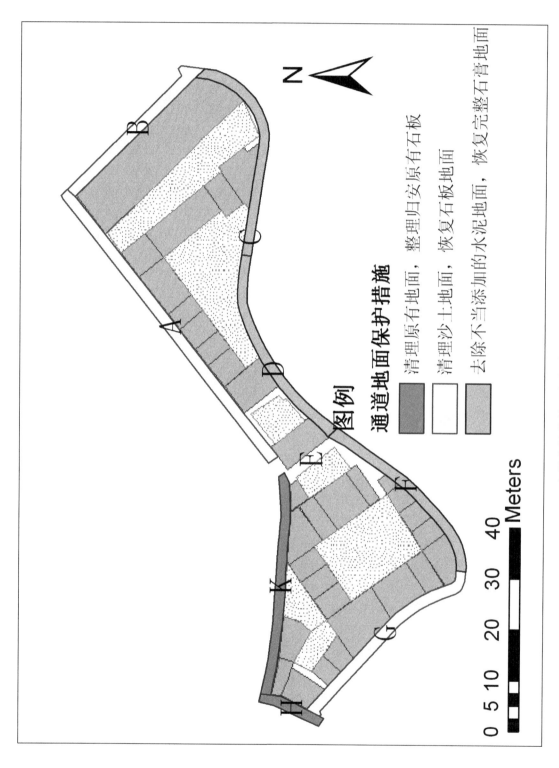

图例

通道地面保护措施

清理原有地面，整理归安原有石板

清理沙土地面，恢复石板地面

去除不当添加的水泥地面，恢复完整石膏地面

宝箴寨城防体系保护措施图—通道

0 5 10   20   30   40
Meters

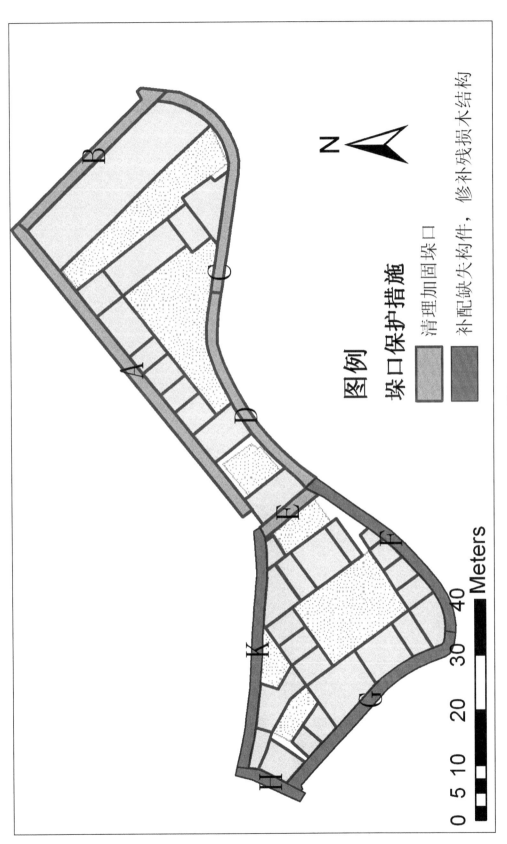

图例

垛口保护措施

清理加固垛口

补配缺失构件，修补残损木结构

N

0 5 10 20 30 40
Meters

宝箴寨城防体系保护措施图—垛口

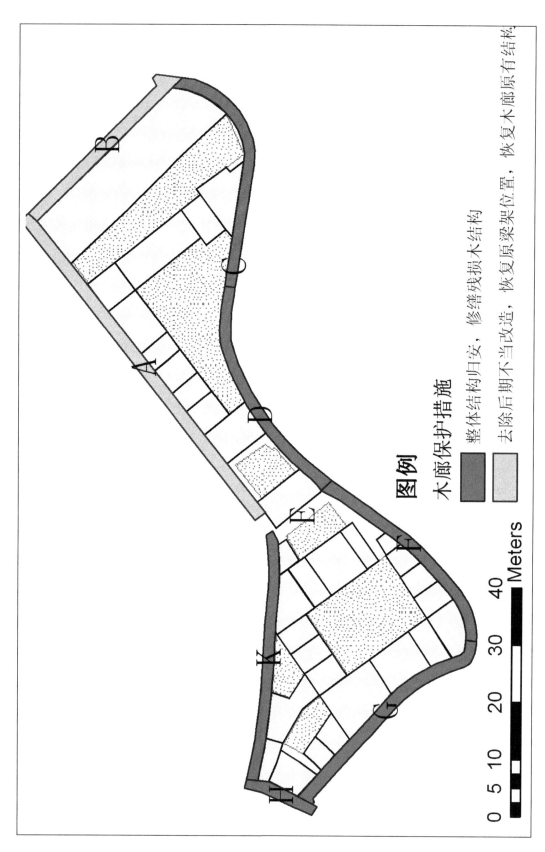

图例

木廊保护措施

整体结构归安，修缮残损木结构

去除后期不当改造，恢复原梁架位置，恢复木廊原有结构

宝箴寨城防体系保护措施图—木廊

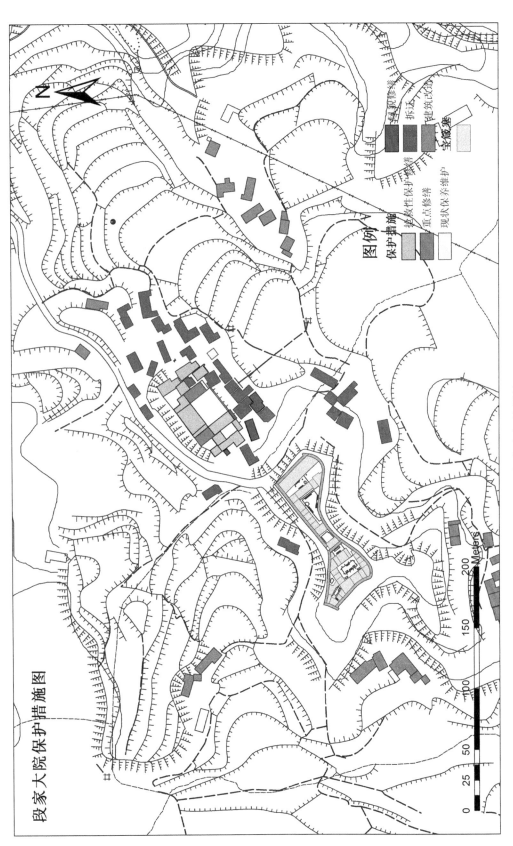

段家大院保护措施图

宝箴寨土地利用调整建议图

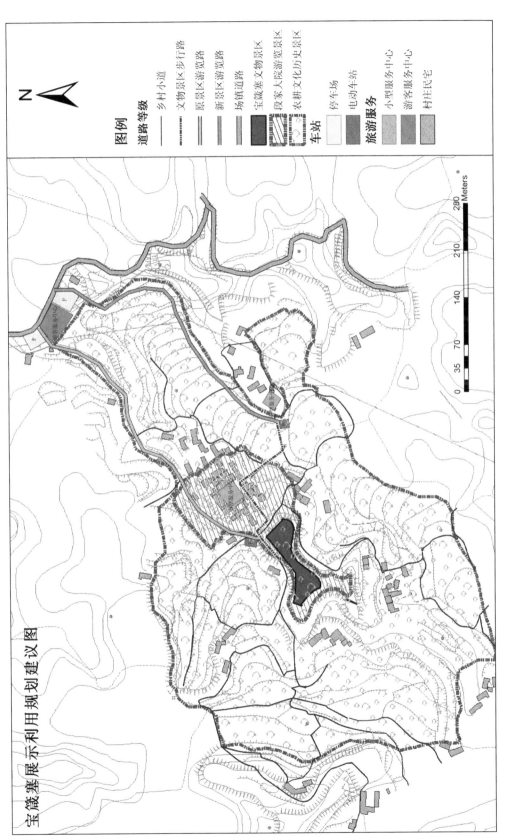

宝箴塞展示利用规划建议图

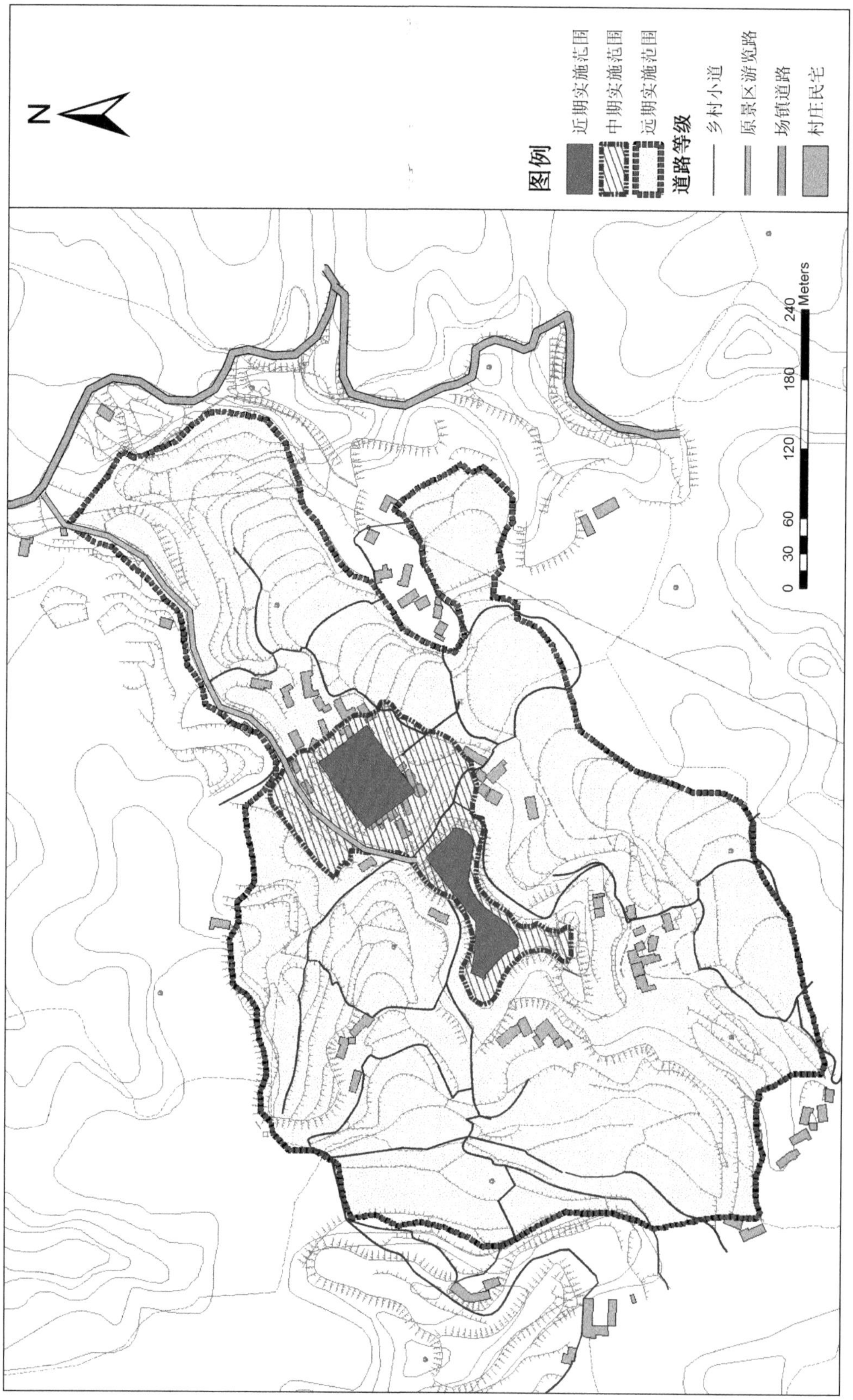
N
图例
近期实施范围
中期实施范围
远期实施范围
道路等级
乡村小道
原景区游览路
场镇道路
村庄民宅
0 30 60 120 180 240
Meters

规划实施分期示意图

后记

感谢四川武胜县文化部门和宝箴寨文物管理所提供的大力支持。

从 2006 年至 2007 年，武胜宝箴寨总体保护规划项目历时两年多顺利完成。非常感谢清华导师吕舟教授提供多样化的保护实践项目，他一方面指导我们开展研究调查工作，另一方面也大胆放手地让我们研究团队独立摸索。从问题出发，创造性的去解决问题。感谢一同参与项目研究和创作的臧春雨、张燕、邹怡情、吴海嘉等工作同事。你们为项目成果获得广泛好评也付出了辛勤的劳动和自己的智慧。

本书虽已付梓，但仍感有诸多不足之处。对于寨堡类民居建筑的研究仍然需要长期细致认真的工作。而西南地区丰富的寨堡建筑实物遗存为我们提供大量研究资料，我们将继续努力研究探索。至此再次感谢为本书出版给予帮助、支持的每一位领导、同事和朋友，感谢每一位读者，并期待大家的批评和建议。

朱宇华

2022 年 1 月